主役に育つ エコ・エネルギー

井田 均 著

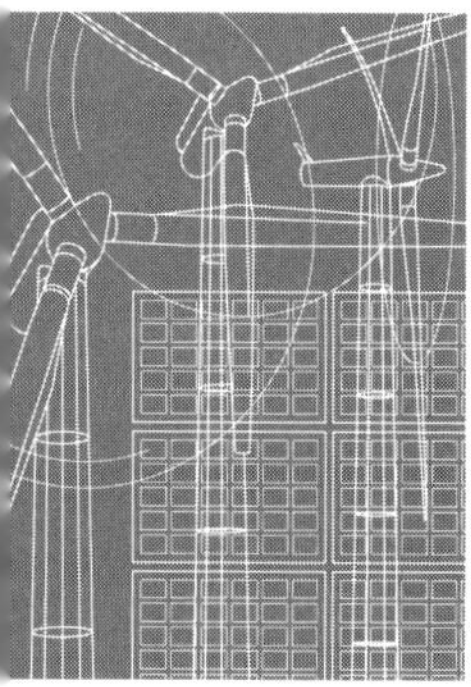

緑風出版

はじめに

急拡大する世界のエコ・エネルギー

風力発電、太陽光発電など、地球環境に負荷を与えることの少ないエネルギー源、エコ・エネルギーが世界で急拡大している。

デンマークでは、すでに全電力の一八％を風力発電で賄っている。これは一九八〇年代から、風車の建設費の最高三〇％を補助するといった国を挙げての応援体制の成果だ。

ドイツでは発電風車から電力を買い上げる場合に、風の弱い地域に建てられた風車からは、高い価格で買い取る期間を長く設定するという画期的な「循環エネルギー促進法」が、二〇〇〇年四月に施行された。これにより、風の弱い南ドイツを中心に風車建設の発注が二〇％増加した。

今後は海上に建設するオフショワ（海上風車）が中心になり、機種も大型化するため、従来の二年間で倍増のペースがさらに加速することが予想される。

スペインでは、国による買い上げ制度に加え、電力会社が風力発電会社を子会社に持ったり、業務提携するなどで、風力発電会社の八〇％と何らかの関係がある。電力会社は風力発電による電力の「買う側」でもあると同時に「売る側」でもあるのだ。風力発電が拡大するのはむしろ当然と言える。スペインはドイツに次ぐ世界第二位の位置を保っている。

このような風力発電の世界的活況を受けて、欧州風力エネルギー協会とグリーンピースは「二〇二〇年までに世界電力の一二％を風力でまかなうための青写真」と題する報告書を出したが、これが実現可能だと思わせる状況なのだ。

太陽光発電も拡大している。

オランダのアメルスフォートの団地には世界最大の一三四〇kWもの太陽光発電設備があり、住民の快適な生活を支えている。

それより、太陽光発電が活躍するのは、未開発の地域だ。

一万数千の島々からなるインドネシアでは、巨大な発電設備は合わない。小規模な発電施設、太陽光発電が最適だ。各地で太陽光発電の実践が広がっている。アフリカの沙漠地帯は数十km、あるいは数百kmも互いに離れたオアシスに住む住民に、大規模電源で発電した電力を送電するのはバカげた事と言えよう。各戸ごとに発電、電力供給する太陽光発電は、まさにこうした地域のためにある技術だ。

今後、アジア、アフリカなど低開発地域の電化作戦において、太陽光発電は有力なツールになるだろう。

鈍化する日本のエコ・エネルギー

世界で増加を続けるエコ・エネルギーにあって、日本だけは少し異なる動きを見せている。一九九二年四月に太陽光、風力からの買電を開始した日本は、毎年度、前年度を倍するペースで発電風車と太陽光発電設備を建設してきた。だが二〇〇二年度は前年度を下回ってしまった。

これは、国が法律で買電制度を定めている欧米の先進諸国と異なり、日本は電力会社の連合体である電気事業連合会が「宣言」して買電を決めていたためだ。法的裏づけを欠く宣言だったから、電力会社の離脱を防げなかった。北海道電力が、「もう風力発電は十分にある」として、一九九九年から入札制度を導入、この動きは、すぐに東北電力など他の電力会社にも波及した。入札制度で限られた数しか発電風車を建設させないのだから、建設ペースが鈍化するのは当然だ。

そして二〇〇三年四月施行のRPS法（電気事業者による新エネルギー等の利用に関する特別措置法）である。当初我々はこの日本で初めてエコ・エネルギーの買電価格を定める法律に期待した。だが、その法文、関連施行令、電力会社の対応等が明らかになるにつれ失望感が広がった。エコ・エネルギーを拡大・育成するという表向きの姿に反し、エコ・エネルギーの足を引っ張るその実体が明らかになったからである。

問題点の一つは、二〇一〇年の新エネルギー等の導入目標が全電力の一・三五％と極めて低いこと。欧米先進国の一〇分の一程度だ。しかも「新エネルギー等」とした中には、ゴミ発電も含めている。東京電力などは初年度は八五％もゴミ発電に頼ろうとしている。電力会社の買電価格を、「電気部分」と「環境貢献部分」に分け、新エネルギーがもはや十分だとされた北海道電力は「電気部分」の一kW時当たり三・三円だけという低価格で買えるとし、発電事業者の建設意欲を削いだ。太陽光発電を進める市民に対しては電力会社がＲＰＳ法の申請事務を自社に任せるよう求め、同意しない市民に対しては、「電気部分」だけでしか購入しないと脅しをかけている。

このように、電力会社の入札制度導入とＲＰＳ法により、日本のエコ・エネルギーは危機的状況を迎えている。

慰めは国民の意欲

ただ慰めは、風力発電事業者と太陽光発電を支える市民のエコ・エネルギーへの欲求がかなり強いことだ。毎年電力会社が実施している風力の入札制度へは事業者の応札が殺到しており、それらが全量建設されたとすると、二〇〇三年度末には国が二〇一〇年の目標値とした三〇〇万kWを凌駕する発電風車が完成していることになる。

太陽光発電も同様だ。国の補助金が先細りになり、もうすぐ廃止になろうとしているが、毎年確実に設置件数は拡大している。

我々は、この日本のエコ・エネルギーの危機的状況を打破するために、電力会社に風力発電の入札制度の廃止を求め、あわせて天下の悪法、RPS法の抜本的改正を勝ち取る努力をしなければならない。そうすることでしか、世界に遅れを取ろうとしている我が日本のエコ・エネルギーの健全な発展を実現することはできないだろう。

地球環境を保全するために、環境負荷の小さいエコ・エネルギーの拡大に努めるのは、我々地球人の責務だ。だが、それは狙いどおりに行くのだろうか。

さあ、個々の事例を見て行こう。

主役に育つエコ・エネルギー　目次

第8章　世界最大の一三四〇kWの太陽光をアメルスフォートに見る——138

第9章　インドネシアへ太陽光発電施設贈る日本のNGO——152

第10章　アフリカで太陽光電化を見る——169

第一部　日本の現状

第1章　日本の風力発電

初期の発電風車

わが国の発電風車はいつごろからあったのだろうか。古くは戦中、戦後に数十W規模の材木で作った二枚羽根の「山田式風車」がかなりの数、活躍していたという。だが、近代式風車としては、一〇kW以上は必要とされる。

東京電力が新エネルギー開発機構（＝当時、現＝新エネルギー・産業技術総合開発機構＝NEDO）の資金・技術協力を得て、東京都三宅島に一九八三年に建設した一〇〇kW風車がある。この風車は東電が全体の製造を石川島播磨重工業にまかせ、石川島播磨がさらに、タワーを住友金属に、発電機を東芝に、ブレード（羽根）を川崎重工業に、油圧機器を住友精密に任せた。受注した各社は強風に耐えるよう力強く製造した。その結果、完成した風車は普通の風では回らないものになった。

現に私が訪れた八三年夏には、風車はピクリとも動かなかった。東電が発表した発電コストは一kW時当たり四〇〇円という額だった。

ほぼ同時期に九州電力が奄美諸島の沖永良部島に建設した三〇〇kW風車がある。回転翼はヘリコプターの製造技術を持つ三菱重工長崎造船所へ、発電機は三菱電機へ、タワーは九州電力が製造した。三〇ｍのタワーの下半分は広がっており、鉄製の階段がついていた。そこを昇りながら風車の写真を撮りまくった。これらの発電風車は実験用でいずれも数年の運転後、解体・撤去されている。

新エネルギー・産業技術総合開発機構（ＮＥＤＯ）の記録によると、近代風車の第一号は、九州電力が鹿児島県上甑島《かみこしきじま》に一九九〇年三月に建設した二五〇kWの三菱重工業製風車だとされている。この風車も私は訪れている。串木野港から乗った船が上甑島に近づくと、島の山の上にスックと立った風車の姿がはっきり見えた。

一九九二年三月までに、わが国には総計九基、総発電能力二二二五kWの発電風車が建設された。

電事連が買い取り制度

電力会社の連合団体の電気事業連合会は一九九二年四月から風力発電と太陽光発電での電力を買い取る制度をスタートさせた。しかし、太陽光発電からは電力料金と同額の一kW時当たり二十数円、風力発電からは同一七円とかなりな高額だったが、発電した電力の半分は自己消費しなければならないという規定は発電事業者を悩ませた。山中や海岸べりなど人里はなれて建設されることが多い風車は、自己消費といっても手段に限りがある。風車自身をライトアップしたり併設した園芸ハウスに暖房の熱源を供給したりと工夫をこらしたが、これと言って決め手になるような手段は無かった。契約期間が一年で、毎年更新しなければならず、短期の資金計画しか立てられないことも、金融機関からの融資を受けにくくさせ、建設業者を苦しめた。

だがともかくも、風力発電は電力会社から「公認」された。発電風車はゆっくりとだが増え続け、九六年度の末には一万一四一三・五kWにまでになった。さらに、一九九七年三月にNEDOが風車の建設費の三分の一を補助する制度をスタート、追い風になった（次頁の図「日本の風力発電」）。

買い取り制度改善

一九九八年四月に電事連は評判が悪かった風力発電からの購入制度を改善する。

一kW時当たりの購入単価こそ、従来の一七円から一一・五円（北海道電力は一一・六円）と下がったものの、批判の的だった半分以上自己消費の義務付けを撤廃、契約期間も一年から一五年～一七年へと伸ばした。

日本の風力発電

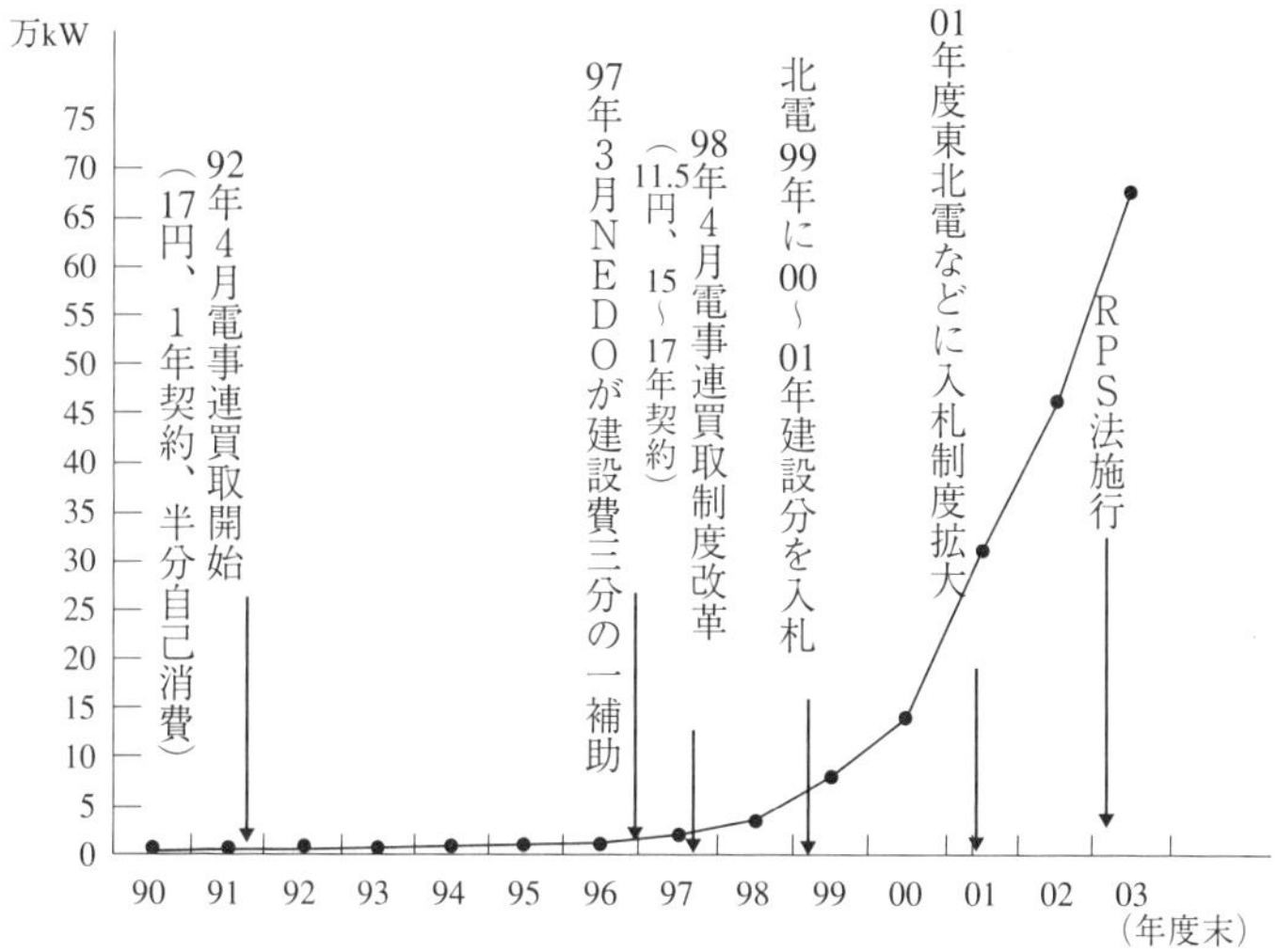

これにより風力発電事業者の建設意欲に火が点いた。一九九七年度末に一万九二四〇kWだった発電風車の能力は、一九九八年度末には三万五三九〇kWとほぼ倍増、一九九九年度末には八万七〇五kWと二倍以上に拡大した。

だが、風力発電は風任せでアテにならないとする電力会社は、風力発電の拡大を喜ばない。批判派の筆頭は北海道電力で、「一〇万kWの風力発電を立地させると、風が止んだときのために北電の負担で一〇万kW分の他の発電手段を用意しなければならない」とし、一九九九年度に実施した二〇〇〇年度建設分の風力発電から入札制度を導入した。当時の最大電力供給量、五〇〇万kWの三%、一五万kWを風力発電の上限とした。入札の結果、落札価格は、電事連が決めた一kW時当たり一一・五円より低い九円程度となり、風力発電事業者を失望させた。翌二〇〇一年度からは入札制度は、東北電力など他の電力会社にも飛び火、二〇〇三年度には落札価格は六円台にまで下がっている。

ドイツ、脱原発へ風力拡大

海外に目を向けよう。

ドイツは風が強い国ではない。インターネットで手に入れた「地上五〇mでの風況」によると、「平野部」で最も強い毎秒七・五m以上の地域①は全く無い。次いで同六・五mから七・五mのやや強い地域②も北の方に細く存在するだけ。国土の大部分は同五・五mから六・五mの中程度の地域③か、同四・五mから同五・五mのやや弱い地域④で、南西部には同四・五m以下の最も弱い地域⑤さえある。

他国に目をやると、最も強い①は、英国北部のスコットランドのほぼ全域、デンマーク北部、ノルウェーの海岸べり、アイスランドなどに目立つ。これらの国々は強風地帯に恵まれている。だがドイツには世界の発電風車の三分の一、欧州の半分がある。これには何か理由があるはずだ。それは発電風車を普及・拡大させる制度だった。

ドイツは一九九一年から電力料金の九〇%という高い価格で風力発電からの買電を開始した。

その後、低下し続ける電力料金にかかわらず一定価格で買電するよう一九九八年に改正、さらに二〇〇〇年四月からは風が弱い地域の発電風車からは高い価格（一kW時当たり九ユーロセント＝一二円）で買い取る期間を長く設定する新法により、発電風車の発注を二〇％も増やした。さらに二〇〇四年春からは海上風車（オフショワ）を拡大するよう法を改正した。

この改正法は海岸から一二マイル離れた地点、水深二〇ｍを基準とし、それより一マイル離れた地点に建設した風車からは、一kW時当たり九・一ユーロセント（一一・一円）で買い入れる期間を一二年間より〇・五カ月間延長する。また水深が二〇ｍより一ｍ深い地点に建設した風車からは、一・七カ月間延長するというもの。これは海上の不利な地点にも発電風車を建設させようという狙いの改定だ。これにより、二〇〇三年末に陸上を中心に一四六〇万九〇〇〇kWあった風力発電を海上にも拡大、二〇二〇年を目標とした脱原発を早めようとしている。

電力会社が風力発電、世界二位のスペイン

スペインは一九九四年末には七万二〇〇〇kWと低調だったが、九七、九八年に急拡大、その後も順調に伸ばし、二〇〇三年末には、六二〇万二〇〇〇kWでドイツに次ぐ世界第二位の位置にいる。ただし近年は米国に抜かれ世界第三位に落ちたという統計もある。

風力発電事業者からの買電価格は現在、一九九八年に制定されたローヤル法二八一八／一九

九八によって決められている。

その内容は、発電された電力は地域電力会社がプレミアム付き価格で買い取ることが義務づけられている。買電価格は毎年末に発表、翌一月から適用になる。

風力発電事業者は、①プール価格＋プレミアム価格（毎年末政府が発表）か、②固定価格（毎年末政府が発表）のどちらかの買電価格を選ぶことができる。固定価格もプレミアム価格も毎年変動するが、電力料金の八〇％になるよう設定されている。

ところでスペインの電力会社は風力発電をどう思っているのだろうか。

実は、スペイン最大の電力会社、エンテベは、一〇〇％子会社に風力発電会社を持つし、ナンバー二の電力会社、イベルドーラは出資したガメッサグループを通じて風車メーカーを所有している。第三の電力会社、ユニオン・フェノーサはバルバンサという風力プロジェクトに出資している。電力会社は風力発電に関して、買う側と売る側に属している。全国の発電風車の実に八〇％もが、電力会社がらみ、だと言う。風力発電が増えるのも当然だろう。

海上に出る欧州の風力発電

二〇〇〇年の夏、ヨーロッパの海上風車を訪れた。デンマークのビンデバイとツノノブとミドルグランダー、オランダのイレーネボリンク、英国のプライス沖を取材した。陸上に比べ風が二割ほど強く風向きも安定している海上は風力発電の適地だ。二五頁に各海上風車の概要を表にして示す。

さらに二〇〇二年の夏、ドイツで聞いたのは、三六〇〇kWの海上風車の建設計画だった。北ドイツのオスナビリュック市の西、五〇kmのサルズバーゲンから北、数kmにあるGEウインドエナジー社の製造工場で、東欧販売担当のアクセル・ブーラー氏が話してくれた計画によると、三六〇〇kWの風車を二〇〇三年に建設、スペインの内陸でテストしてから、二〇〇四年にも北海の海上に建設する。

また北ドイツ、フーズムの風車メーカー、リパワー社は、一基五〇〇〇kWの風車を一〇〇基、海岸線から二〇kmの海域に二〇〇四年にも建設する計画を進めている。海上風車の大型化が進んでいる。

学ぶべきはドイツとスペイン

日本が風力発電の拡大策で学ぶべきはまずドイツだろう。電力料金の九〇％という高い買い取り価格で一九九一年に買電を開始して以来、様々な施策を講じて風力発電をエネルギー供給

欧州の海上風車

の主役の一つとして育てた。こうすることで風力を原発に替わる電源として育成している。

ドイツは一九九四年末に六四万三〇〇〇kWの風力を持っていた。日本の二〇〇四年三月末の数字とほぼ同じだ。日本もドイツ並みの誘導策を取れば、二〇〇四年三月の六年後の二〇一〇年には、九四年の六年後のドイツの実績、六一一万三〇〇〇kWまで増えることが期待できる。

一方、日本の電力会社は風力発電を目の敵にする傾向がある。スペインのように電力会社が風力発電会社を子会社に持つなどの協力体制をとれば、このような傾向から脱却できよう。先ごろ東京電力が世界最大の風力発電会社、ユーラスエナジーの株式の五一%を取得したが、これが電力会社と風力発電会社が一体化する先触れになれば良いと思う。

牛山会長は二〇一〇年に五〇〇万kW

牛山泉氏は足利工業大学の教授で日本風力エネルギー協会の会長だ。その牛山氏が「二〇一〇年に日本の風力発電は五〇〇万kW以上に達する」と言っている。二〇〇〇年当時、わが国の風力発電の二〇一〇年の建設目標は三〇万kWだった。当時、NEDOが作成したシナリオでは、諸規制を厳格に適応したケースでは一四〇万kW、やや緩めると七〇〇万kW、最も楽観的なケースでは二七〇〇万kWと見ていた。新エネルギー財団の風力の委員長をしていた牛山氏は、「せめてNEDOの最も厳しい予想の一四〇万kWに見通しを変更しよう」と公式には言っていたが、

GEウインドエナジー社にあった3600kW海上風車の模型とブーレル氏

ヨーロッパの海上風車

名称	国	建設年	規模	発電コスト（kW時当たり）
ビンデバイ	デンマーク	1991年	450kWが11基	8.2円
ツノノブ	デンマーク	1995年	500kWが10基	6.72円
イレーネボリンク	オランダ	1997年	600kWが28基	8.0円
ブライス沖	英国	2000年	2000kWが2基	7.5〜9.2円
ミドルグランダー	デンマーク	2000年	2000kWが20基	5.6円

牛山氏の本心としては、「二〇一〇年には五〇〇万kW」と見ていた。このころの風車の規模は一基五〇〇kWだった。これは全て陸上だけ。海上《オフショワ》はまだ検討もされていなかった。

海上は、日本大学の長井浩氏が、港湾や航路を除く海岸から一kmに建設するだけで、陸上の一四倍は建設できるとしているが、牛山氏は海上は二〇一〇年以降に建設が本格化すると見ている。牛山氏は長井氏と共同で、風車の規模を大きく見て、予測を修正する作業に取り掛かっている。一基の大きさをこれまでの五〇〇kWから、陸上は一〇〇〇kW、海上は二〇〇〇kWに想定し直そうという試みだ。陸上では二倍、海上では四倍になるが、同じ密度では建設できないので、陸上では一・四倍、海上では二倍になる。だから牛山氏は、「二〇一〇年には五〇〇万kWの数割増にはなるだろう」と言っている。

だがもうすでに二〇〇四年で、陸上では二〇〇〇kW、欧州の海上では五〇〇〇kW風車が出ている。あと六年後の二〇一〇年に、陸上で一〇〇〇kW、海上で二〇〇〇kWはあまりに控えめに過ぎるだろう。

私は「陸上で二〇〇〇kW、海上で四〇〇〇kW」と予想したい。こうすれば発電能力が二倍になるので、二〇一〇年のわが国の発電風車は、五〇〇万kWの二倍の一〇〇〇万kWに達するはずだ。

前述のように風車規模が二倍になっても総発電能力は二倍にはならないが、建設地が海上にも広がるので、二倍程度が期待できる。

清水教授は二〇二〇年に三〇〇〇万kW

三重大学の清水幸丸《ゆきまる》教授は、日本風力エネルギー協会の前会長で、風力発電の普及・拡大を説く「語り部」だ。その清水教授が「二〇二〇年に風力発電は三〇〇〇万kWになる」と言い始めた。

一基の平均能力を一〇〇〇kWとして、全国に三万基建設する。四七都道府県あるから、各県に六〇〇基ちょっと建設すればよい。一三三〇〇市町村に一〇基ずつ、という計算でもよい。

彼は、日本に立つ送電線の数が二八万本あると指摘、これは一県当たりにすると六〇〇〇本となる。これに比べれば、その一〇分の一に過ぎない。建造費は一基一億五〇〇〇万円として、四兆五〇〇〇億円の投資だ。今、液晶工場を一つ建設するのに一〇〇〇億円を超える投資が必要だ。これを四〇～五〇建てると思えばいい、と言う。二〇二〇年まであと一五年あるから、一年に三〇〇〇億円の事業だ。発電風車は電力という富を生み出す。建設費の一基当たり一億五〇〇〇万円は五年で回収、その後は毎年三〇〇〇万円ずつ利益が出て、全国では一億枚近い一万円札を空から拾い集められる。

彼は中部地域の個別の開発プランについても思いを語る。知多半島の伊良湖崎の先端に高さ八〇ｍの風車を建てれば、毎秒七ｍを超える風が得られる。ここには一〇〇基～二〇〇基の風車の建設が可能だ。伊勢湾には水深五m程度の浅瀬が多い。ここに三〇万kW級の洋上風力発電を建設したいという。また、直径八〇～一〇〇mの風車の頂上に展望台を建設することを提案している。

だが、清水氏は二〇二〇年の建設風車を一基一〇〇〇kWと見ている。二〇〇四年に二〇〇〇kWが当たり前に建設されていることを思えば、二〇二〇年に一〇〇〇kWというのは、いくらなんでも過小評価に思える。一基四〇〇〇kWとすれば、「二〇二〇年三〇〇〇万kW」の予想は「二〇二〇年五〇〇〇万kW」には拡大できる計算になる。

公共事業の見直しで財源を

全国的な議論を呼んだ国の道路建設問題は、結局は竜頭蛇尾に終わった感がある。だが、日本の公共事業が現在のままでいい、と思っている国民は少ないはずだ。

例えばダム。多くのダム建設計画は、それぞれもっともらしい理由をつけて建設される。だが、完成してみると、河川の水質は悪化、魚は溯れず、人々の生活にはほとんど何も利便をもたらさないことが多い。

全国で、七八ものダム計画の中止・廃止の動きがでている。その理由は、①建設に不適な土地だった、②人口の増加が見込めず水需要が予想を下回った、③ダムより河川改修の方が安く効果も見込める——などだ。

これらのダム計画には、これまで多額の費用が費やされてきた。その額は、道県の六一事業で五〇六億円、国直轄と水資源公団の一六事業で八六七億円だった。これらの事業を継続するなら、今後この数十倍から数百倍の予算が使われることだろう。逆に言えば、これらを中止して、浮いた予算をそっくり他の目的、例えば発電風車の建設に回すことだって可能だ。

道路建設に関しては、二〇〇四年度の国家予算で、一般道路三兆二五億円、有料道路に一七五六億円が計上された。すべてがムダだとは言わないが、この一〇％、三〇〇〇億円くらいは発電風車建設に回せないか。

ダムや道路だけではない。このまま続けるべきかを問われている事業は全国にかなりある。北海道の千歳川放水路、千葉県の三番瀬埋立、長崎県の諫早湾干拓事業、徳島県の吉野川可動堰、三重県の長良川河口堰などで、このうち千歳川と三番瀬と諫早湾は事業の中止が決まっている。これらを中止すれば、浮いた事業費も発電風車の建設費用に回せる。

海上浮体風車に期待する牛山氏

牛山泉氏は最近、海上に発電風車を浮かべて発電する海上浮体風車について発言しだした。欧州のように水深二〇ｍ前後の浅い海に恵まれておらず、すぐ深くなる海に囲まれているわが

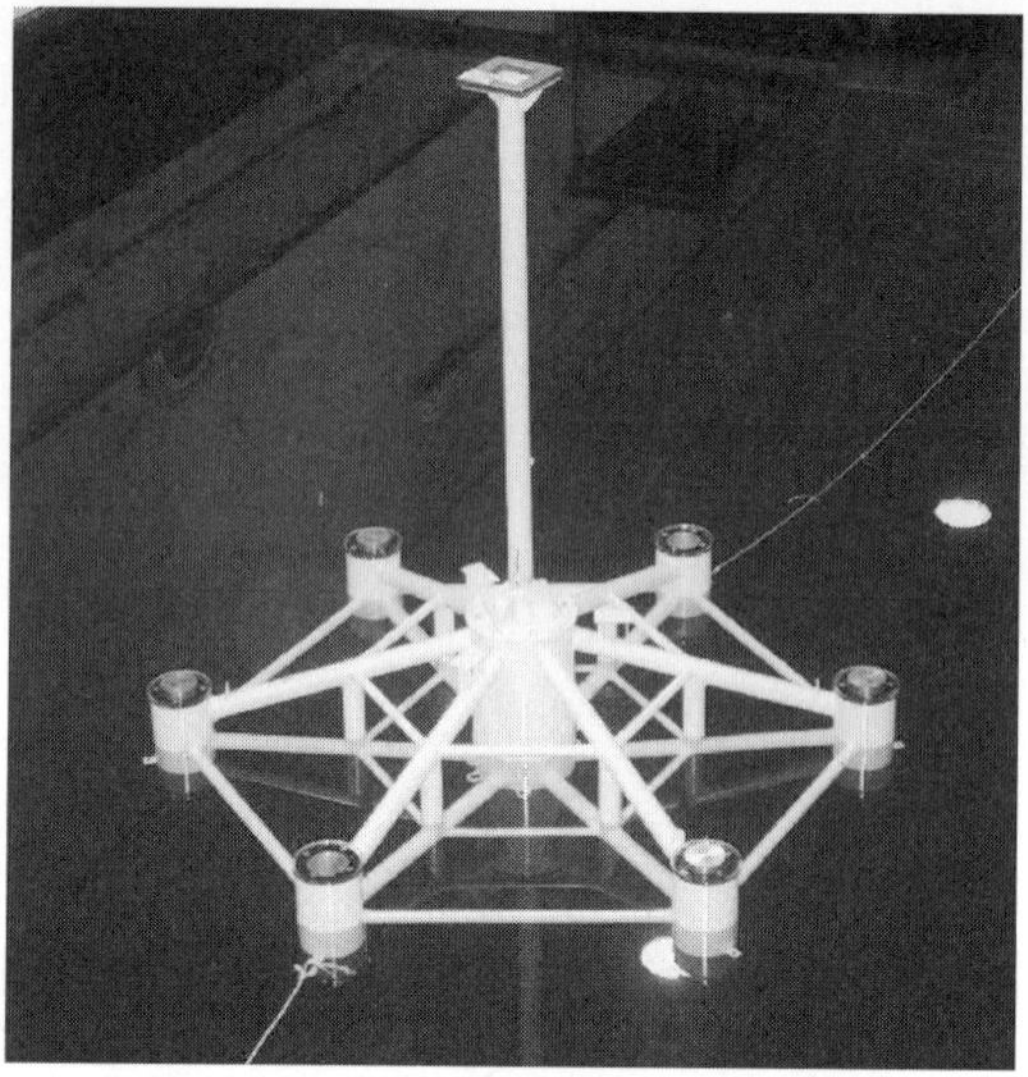

日立造船の海上風力発電設備（日立造船提供）

国に必要な技術だという。

プロペラ型と垂直軸型の二タイプを提案しているのは、水に浮かべると向きが変わりやすいのに対応するためだ。欧州で普及している「着底型」に比べやや建設コストは高いが、さほどでもなく、将来に向け研究の価値があるという。

これに対応して、企業でも浮体型発電風車の研究が盛んになってきた。

日立造船は、樽のような六つの浮体を六角形にパイプを組み合わせ直径六〇〜八〇ｍの浮体を作り、その中心部の大樽のような構造物から高さ六〇ｍのタワーを立てる。タワーの上には発電風車を据え付ける。二〇〇三年夏に大阪大学で造った模型を舞鶴工場で実験、二〇〇四年度に浮体構造物と回転部分のマッチング

洋上風力発電設備の例

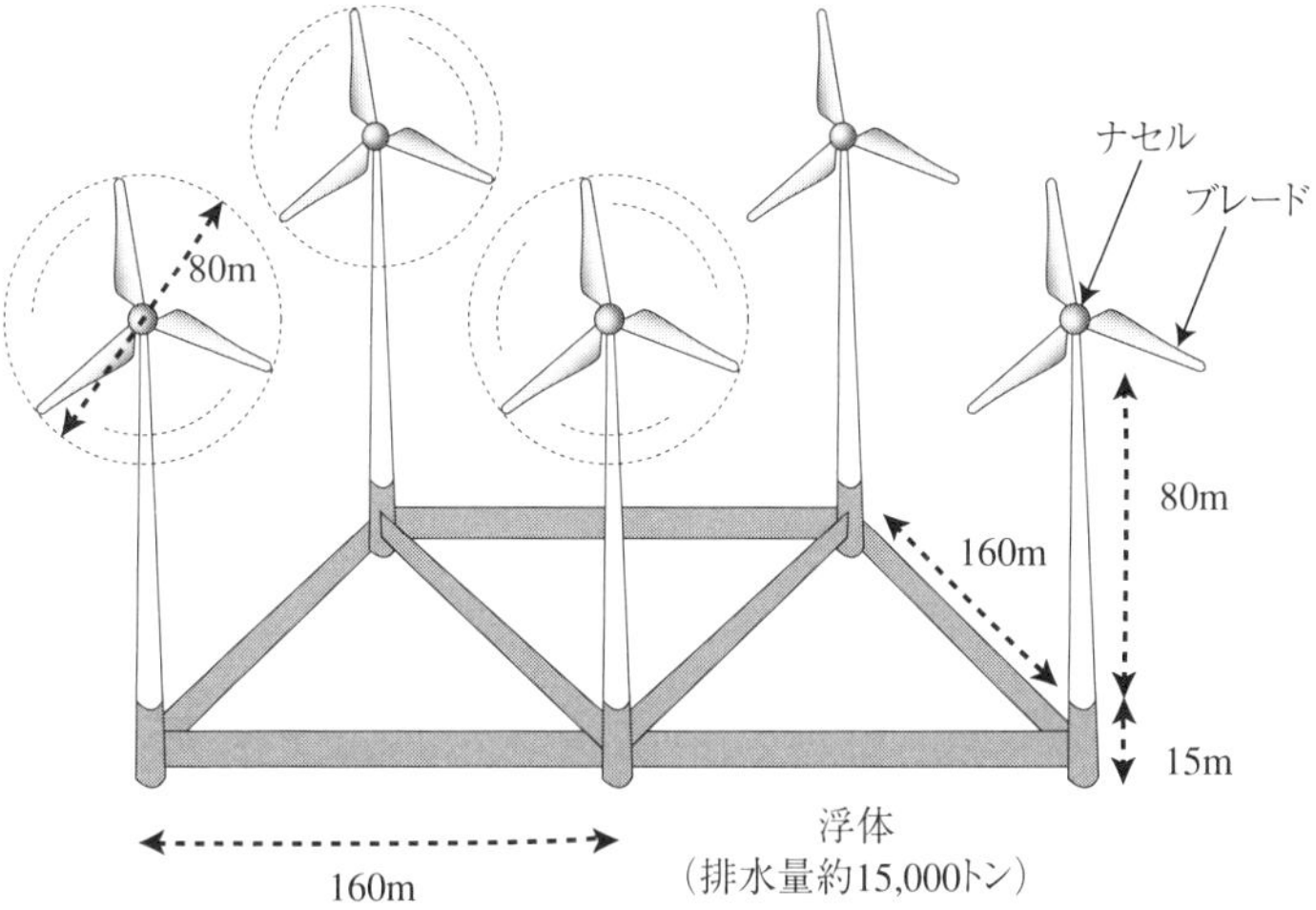

を調整、二〇〇六年度には三〇〇〇kWの第一号機を建設したいとしている。送ってもらった図（三〇頁）を見ると垂直型を想定しているようだ。

石川島播磨重工業は、太さ数m、長さ一六〇mの鋼鉄製のパイプを三角形に組み合わせて、それらの交点に高さ九五mの棟を立てる。それらの棟のテッペンに直径八〇mの三枚羽根を取り付ける。一基二五〇〇kWの風車を五基、一セットで建設、合計一万二五〇〇kWを想定しており（上図参照）、二〇〇七年に一号機を建設する方針。

三菱重工業は発電風車は自社で生産しており、フロート技術も造船や石油備蓄基地でお手のもの。今のところ、「国立公園内に建設できるようにする方が先」（広報ＩＲ部）と積極的ではないが、やる気になれば実力はたいしたもの。

海上浮体風力発電なら、わが国の経済水域内の航路などを除いた全部に建設することが出来る。陸地から遠く離れれば送電線の経費が上乗せされるから、それだけ高くつく。だが、石油もウラニウムも無く、地球温暖化を考えるともはや化石燃料を燃焼させることが許されない二〇五〇年には、多少のコスト高には目をつぶらざるを得ないだろう。

海上浮体で二〇五〇年には一億kW超

二〇五〇年のエネルギー社会を想像することは困難を伴う。不確定要素が多いからだ。だがあえて予想すると、エネルギー価格は、石油、ウラニウムの枯渇で上昇しているだろう。地球温暖化への配慮から、エネルギー源としては、風力、太陽光、バイオマスを中心としたエコ・エネルギーに限られ、コスト問題は大きくないと認識されるはずだ。石油危機で原油価格が約五倍に上昇したのを乗り越えたかつての体験を思い出してほしい。そういう状況下で、エネルギー源の中心は風力発電だろう。

わが国周辺の海上には、水平軸、垂直軸の大型風車が浮体構造で並び、その規模は一億kWを超え、浮体構造のパイプは、漁礁の役目も果たし、魚を採取する漁船も多数活躍する。漁業協同組合が海上浮体発電風車を自ら建設するケースだって増えるだろう。そういう状況のわが国を考えるのは、かなり楽しいことだ。夢が膨らむ。

二〇五〇年一億kWは電力の半分近くを供給

われわれは風力発電の能力予測として、二〇一〇年に三〇〇〇万～五〇〇〇万kW、二〇二〇年に三〇〇〇万～五〇〇〇万kW、二〇五〇年に一億kW超という予想を立てた。この発電風車でその当時の電力供給の何％を供給できるのだろうか。

日本の電力需要は、二〇〇〇年前後から頭打ちになり、二〇〇二年度は一兆九七一億六六〇〇万kWだった。電力消費は省エネ製品の普及などで、次第に減少していき、二〇五〇年には二〇〇二年度の半分になっていると想定した。実際、省エネルギーセンターの測定によると、家庭内で使用する家電製品の省エネの進展ぶりは驚くほどだ。家電製品のうち、エアコン、冷蔵庫、照明、テレビの四製品で電力消費量の三分の二をしめるが、この四製品の省エネがすさまじいのだ。

一九九五年の電力消費を一〇〇として、二〇〇二年の消費量指数を出すと、冷蔵庫は八三％減の一七、エアコンは七九％減の二一、洗濯機は五九％減の四一、最も省エネ率の低いテレビでさえ四〇％減の六〇だ。もっともこれはその時点で販売された新製品で、その時の全製品ではない。だから、各家庭がそれぞれ持っている家電製品の寿命が尽きて買い換えるまで、家電製品の省エネ率は向上しない。だが家電製品の寿命が数年からせいぜい一〇年であることを考えると、家庭内の家電製品の省エネはかなり急激に進むだろう。

製品の生産現場ではどうだろう。生産現場では省エネはそのまま生産コストにつながるから、家庭より省エネには真剣に取り組むはずだ。これらを考えると、現在から四十数年後の二〇五〇年に、使用電力量が現在の二分の一という予想は、むしろ甘いとの批判が出るかもしれない。二〇〇二年度の受発電電力量を一〇〇とすると、二〇一〇年は九七、二〇二〇年は八五くらいだろう。二〇〇二年度の受発電電力量（実際に発電され消費された電力の量）の一兆九七一億六六〇〇万kW時の九七％は一兆六四二億五一〇〇万kW時だ。これが二〇一〇年度の受発電電力量だ。

一方、二〇一〇年に想定した三〇〇万kWの発電風車については、利用率を二〇％として計算してみる。すると、一年で五二億五六〇〇kW時を発電することになる。これはこの年の電力需要の〇・四九％に当たる。同じ計算で五〇〇万kWの風車は年間八七億kW時を発電するので、これは同年の電力需要の〇・八二％に当たる。

同様に二〇二〇年段階の受発電電力量は二〇〇二年度の八五％、九三二五億九〇〇〇万kW時になる。予想した三〇〇〇万kWの発電風車は、年間五二五億六〇〇〇kW時を発電、二〇二〇年の電力需要の五・六四％になる。一方、五〇〇〇万kWではどうか。五〇〇〇万kWの発電風車は、年間八七〇億kW時を発電するので、二〇二〇年の電力需要の九・三三％を供給できることになる。

二〇五〇年には、発電風車の利用率も向上、三〇％は期待できると仮定すれば、一億kWの発電風車は一年間で二六二八億kW時の電力を生む。我々は二〇五〇年の電力需要は二〇〇二年度の半分になっていると考えているので二〇五〇年には五四八五億八三〇〇kW時に消費量は減っていることになる。総合計能力、一億kWの発電風車が生む年間二六二八億kW時の電力は、消費量の何と四七・九〇％に当たる。二〇五〇年には電力需要の半分近くを風力発電で供給できるわけだ。

もちろん発電量が変動する風力発電を電力供給の主力にすると考えれば、他のエコ・エネルギーの太陽光発電やバイオマス発電をバッファーとして活用できるよう、備えておかなくてはならないが。

求められるわが国政府の決断

前述したようにドイツは一九九一年に風力発電を育成しようと決め、一二年後に一四六〇万kWを超える風力発電を持つに至った。これに対し、わが国は、ほぼ同じ期間でわずか六七万kW余にすぎない。

この違いはどこから来たのか。わが国の風力発電の育成策が完全に腰が引けたものだったからだ。政治家が金を得られやすい「原子力」への思いを断ち切れず、風力育成への努力を手抜きして来たからだ。象徴的な出来事が、先にヨハネスブルグで開かれた環境開発サミットであった。

ＥＵが提案した「世界全体のエネルギー供給量に占める再生可能エネルギーの比率を、二〇一〇年を目標に平均一五％に引き上げる」という案に対し、先頭に立って反対したのはわが国だった。川口順子外相（当時）が「国によって事情が異なるのに一律の数字を目標にするのはいかがなものか」と主張、環境開発サミットの行動計画「世界実施文書」から具体的な数値を削除させ、世界にその反動ぶりをさらしてしまった。

わが国政府は、猛反省し、二一世紀のエネルギーの主役は、風力、太陽光、バイオマスなどのエコ・エネルギーであると判断し、その育成に向け、数々の政策を推進すべきだ。

第2章　エコ・エネルギー拡大へ入札制度・RPS法をこう改定

地球上のどこでも風は吹く。太陽はあまねくどこでも照らす。生物エネルギーのバイオマスはどこにいても手に入る。これがエコ・エネルギーだ。一方、従来われわれがエネルギーを得ていた石油、天然ガス、ウラニウムは、地球上に偏在する。これが利権を生み、トラブルの原因になり、戦争を生じる。こう考えると、平和で問題が無い世界を築くには、エコ・エネルギーに多くを頼る生活が望ましいことになる。

入札制度の二面性

日本でエコ・エネルギーからの電力買い取りが始まったのは一九九二年四月だ。だが、これは国が法律で決めたのではない。電力会社の連合体の電気事業連合会が「申し合わせ」たものなのだ。単なる申し合わせだから、電事連が決めた一kW時当たり一一・五円の買い上げ価格が高すぎるとして、一九九九年度に北海道電力が入札制度を導入することを阻止できなかった。

入札制度は一気に他の電力会社に波及、落札価格は二〇〇三年度には一kW時当たり六円台にまで低下している。発電風車の建設事業者としては耐え難い低価格だ。これは一重に電力会社が入札制度を導入したためだ。

だが、入札制度下でも発電事業者の建設意欲は高い。

北電の一九九九年度の入札では、六万kWの募集に対し、一九万五〇〇〇kWの応募があった。東北電力が実施した二〇〇一年度建設分一〇万kWの募集に対しては、二九万三二五〇kWの応募があり、二〇〇二年度建設分一〇万kWの募集に対しては三七万六一五〇kWの応募があった。

九州電力も二〇〇一年度から二〇〇三年度にかけて、計一六件、一八万一〇kWの建設を認めた入札に、計二二件、二六万三八六〇kWの応募があった。同時に募集した「風力連携の申込の受付」へは五五件、六七万五二八〇kWの応募があった。このほか二〇〇一年度から入札を開始した東京電力、中部電力、北陸電力、中国電力、四国電力の分もある。

もし入札制度が無かったら、これら応募された分は全て建設されたはずだ。二〇〇〇年度は二〇万kW、二〇〇一年度は三八万九五〇〇kW、二〇〇二年度は四五万二二五〇kW、二〇〇三年度は実に二〇五万七五五〇kWもの発電風車が建設されていたことになる。これ以前の建設分とあわせれば、国が二〇一〇年の目標としていた三〇〇万kWを二〇〇三年度末にクリアしていたはずだ。しかもこれは入札制度下の一kW時当たり九～六円台という安価な買い上げ価格の下での話だ。もし、入札制度導入前の同一一・五円だったとしたら……。

日本の発電風車の建設意欲はものすごいと言える。このものすごい建設意欲を活かすには、まず、この入札制度を撤廃することだ。もちろん入札導入前の同一一・五円に戻すのが理想だ。だが、落札価格が同六円台に下がっていることが話を複雑にしている。

だが、ドイツで同九・一ユーロセントという買い上げ価格が、海上風車に対し二〇〇四年四月以降実施されていることを見ると、一一・五円は決して高すぎる額ではない。一ユーロ＝一三五円だとすると、九・一ユーロセントは一二・二八五円なのだから。

ＲＰＳ法の問題点

電力会社に入札制度を許したのも、元はといえば国が法律でエコ・エネルギーからの買い上げ価格を決めなかったからだ。だからわれわれは、エコ・エネルギーからの電力買い上げ価格を設定するというＲＰＳ法（電気事業者による新エネルギー等の利用に関する特別措置法）が作られるという報に接し、期待を持ったものだった。

だが、二〇〇二年度の初頭以降、ＲＰＳ法の法文の検討が始まってから、われわれは首を傾げなければならなかった。審議する会のメンバーの大部分は、電力会社関係者や従来型の学識経験者で、新しい発想を持ったＮＧＯメンバーはほんの二、三人。官僚主導の審議会が歪んだ結論を出すのに時間はかからなかった。

次に出てきたのがRPS法関連の施行規則だ。官僚がつくる施行規則はますますRPS法の狙いをあいまいにした。最後に、電力会社の対応だ。RPS法は電力会社の自由裁量に任されている部分が多く、ここが問題を生じた。

二〇〇三年四月に施行されたRPS法は、新エネルギーとして、①風力、②太陽光、③地熱、④水力、⑤バイオマス、⑥石油を熱源とする熱以外のエネルギーであり、政令で定めるもの、としている。新エネルギー発電は、①〜⑥までの発電方法であれば、一定の技術要件を備え、環境保全に配慮し、電気事業法に適合していれば、一般の人が電気事業者として発電することと、発電した電力を電力会社に供給・販売することを認めている。既存の大手電力会社には、新エネルギー発電からの電力を一定量購入することを義務づけ、購入量は徐々に増やしていき、新エネルギー産業の育成を狙った。

だが、一方、この法律の問題点も指摘されている。まず第一にエコ・エネルギーの導入目標量が少ないこと。二〇一〇年に電力供給量のわずか一・三五％だ。これは例えばスペインが同じ二〇一〇年に純粋なエコ・エネルギーだけで二九・四％を賄う目標を立てていることや、EU全体でも一二・〇％を目標としていることを見ても、少なくとも一桁低い目標値だと言える。

第二に、エコ・エネルギーに恵まれている北海道も、さほど多くない関西も同じ目標値の一・三五％だということ。北海道電力は風力発電の量を一九九九年には全電力供給量の三％までとし、その後五％に拡大したが、この数字は四〇％か五〇％でもいい。ただし風が止んだ時のために、北海道と本州をつなぐ電力送電線の「北本連携」の能力を拡大する必要がある。現在、能力六〇万kWの北本連携はその能力の一％も使われていない。

次にエコ・エネルギーとしてゴミ発電を含めるのはおかしい。政府はゴミ発電をバイオマスだとして、プラスチックを除くなどの姑息な修正をほどこして加えている。だが焼却するのが目的で、発電は二義的なゴミ発電は電力の買い取り価格が低くても痛くなく、本当のエコ・エネルギーの足を引っ張ることになる。

最後にエコ・エネルギーからの電力買い取り価格を、「電気部分」と「環境貢献部分」に分け、もうすでに十分エコ・エネルギーを持っているとした北海道電力は、エコ・エネルギーから「電気部分」だけで買い取れるとしたこと。「電気部分」は石油火力の燃料代とされ、電力会社ごとに決められる。北電は一kW時当たり三・三円としている。一方の「環境貢献部分」は最高同一一円とされている。北電は風力発電から三・三円で購入した電力を需要者に二〇円程度で売ることになる。北電が買わなかった「環境貢献部分」を発電事業者は他の電力会社に売れるというが、北電が買わなかった最高一一円の「環境貢献部分」を購入する電力会社はあるのだろうか。

本来の目的は

RPS法は日本語では「電気事業者による新エネルギー等の利用に関する特別措置法」と訳

される。新エネルギーに「等」とつけたのは、ゴミ発電を対象に加えたからだが、一応新エネルギーに関する法律であることは分かる。だが、新エネルギーを振興させるとも普及させるとも言っていない。ここにこの法律をつくった官僚の思惑が見える、と言ったら言いすぎだろうか。「等」が付けられたため、ゴミ発電が対象になった。これを一番喜んでいるのは東京電力だろう。

「週刊エネルギーと環境」によると、東京電力の二〇〇三年度の新エネルギー等の導入義務量は九億八〇〇〇万kW時で、もし全量を風力発電によると一五〇〇kW級が二九六基必要だが、ゴミ発電だと三万五〇〇〇kW級一一基から電力を調達すればよい、と記述してある。その方がずっと容易だ。そのため東電がゴミ発電中心になりそうだという指摘だ。

朝日新聞の二〇〇三年四月二日の記事によると、東電は二〇〇三年度の新エネルギー等供給義務量の六～七割を、ゴミ発電から得るだろうという見通しを述べている。本来のエコ・エネルギーを普及・拡大しようという法律のあるべき目的が曖昧になっている。

東電は義務量の八五％をゴミ発電で

東京電力管内のゴミ発電の実情を見てみよう。

東京都二三区内には一九九九年度には一七カ所、多摩地区には七カ所のゴミ発電所があり、両者の合計売電量は三億九五二九万kW時だ。神奈川、千葉、埼玉、茨城、群馬、栃木の各県と静岡県の富士川以東にあるゴミ発電所の年間売電量を、年度の違いを無視して足した年間総売電量は九億七二七二万kW時になる。

だが、これがそのまま東京電力の導入義務量にはならない。ゴミ発電はバイオマスだとする経済産業省の見解により、混入しているプラスチックを除かないとならない。プラスチックを除いたゴミの熱量比率を「バイオマス比率」という。

与えられた計算式を使って計算すると、東電管内のゴミのバイオマス比率は八六・二％だった。東電の総ゴミ発電量、九億七二七二万kW時の八六・二％は八億三八四八万kW時。これがRPS法上認められる東電のゴミ発電による発電量ということになる。これは二〇〇三年度の同社の新エネルギー等による発電義務量、九億八〇〇〇万kW時の八五％を占める。

東電は「言えない」

二〇〇四年二月中旬、東京電力に取材した。二〇〇三年度の新エネルギー等の購入見通しをたずねるためだった。

「ゴミ発電からの購入量は、朝日新聞によると購入義務量の六～七割、私の計算では八五％程度となっていますが、御社の予想ではどうなっていますか」

しばらく待たされた。

「言えない」という。「債券の値段を吊り上げる恐れがありますので」とのことだった。

「では、風力と太陽光からの購入量はどれくらいになりそうですか」

それも同じ理由で答えられない、という。

二〇〇三年度が終了したら教えてもらえるか、たずねた。

それも難しいだろうという。

RPS法にはいろいろな問題があるが、この実情を国民に知らせにくいことも、その一つだと思った。太陽光発電の大部分は住民が自己資金で自宅の屋根の上にパネルを乗せて発電している。だが電力会社は電力料金と同額で電力を購入しているのをいいことに、「環境貢献部分」の所有権（販売権を含む）を自社のものにしようと考えた。RPS法上の申請事務を代行させるよう求め、応じない住民には、「電力料金と同額でなく、買い取り価格を『電気部分』だけの一kW時当たり二・六〜三・六円へと引き下げる」と脅しをかけている。国も、電力会社が申請事務を代行する意思を示せば、発電する住民が同意しなくても、「環境貢献部分」を電力会社に与えることを表明している。

私は、二〇五〇年には一億kWを超える発電風車が建設されると予想している。その可能性を保証する事実として、風車の大型化を挙げた。一九九二年度に日本で建設されていた発電風車の大部分は一基二五〇kW。それが九七年には四〇〇kWが中心になり、九九年には七五〇〜一〇〇〇kWが出てくる。二〇〇一年には一五〇〇kWが出現し、二〇〇三年には二〇〇〇kWが中心になった。一一年間で規模は八倍になっている。

この調子で発電風車の大型化が進み、日本周辺の海域に海上浮体型の大型風車が建設されるとしたら、二〇五〇年には総発電能力一億kWを超える風車が建設されるとした。

買い取り価格は環境負荷を計算に入れろ

二酸化炭素を排出する石油火力、放射性廃棄物を残す原子力発電、環境に負荷を与えないエコ・エネルギー。これらで発電した電力をどれも同じ価格で買うのはおかしくないだろうか。電力会社は、石油火力からは二酸化炭素の処理費用を、原子力発電からは放射性廃棄物の管理・処理費用を、それぞれ差っ引いた価格で、エコ・エネルギーからは環境貢献分を加えた価格で購入すべきだ。

ここで国がRPS法で採用した、電力料金を「電気部分」と「環境貢献部分」に分けるというアイデアをお借りしよう。

電力会社に裁定を任された「電気部分」は最低をつけた北陸電力の二・六円強から最高の関西電力の三・六円とする。火力発電からの買い取り価格は、この「電気部分」から二酸化炭素の回収費用とされている一kW時当たり一・三円（液化天然ガス発電に対し一トン当たり一万二〇〇〇円の炭素税をかけた場合の試算）を差し引いた価格とする。

原子力発電からの買い取り価格は、この「電気部分」から放射性廃棄物の管理・処理費用とされる同一・六五円（総合エネルギー調査会原子力部会資料＝一九九九年一二月＝の原子力発電の燃料費の内訳から）を差し引いた額とする。

最後に風力発電、太陽光発電、バイオマス発電などのエコ・エネルギーからは、「電気部分」に「環境貢献分」の一二円を加えて、買い取り価格とする。

この数式を使えば各電源からの買い取り価格は、
①石油火力からは
（三・六円〜二・六円）ー一・三円＝二・三円〜一・三円
となり、
②原子力発電からは
（三・六円〜二・六円）ー一・六五円＝一・九五円〜〇・九五円
となり、
③エコ・エネルギーからは
（三・六円〜二・六円）＋一二円＝一四・六円〜一三・六円
となる。
エコ・エネルギーからの買い上げ価格が、石油火力からと原子力発電からの価格の一〇倍程度になり、発電源の誘導に効果が期待できる。

国が今後取るべき道

まず第一に国は、将来の日本のエネルギーの主役は風力発電などのエコ・エネルギーだとはっきりすべきだ。そうするなら二〇一〇年時点でのエコ・エネルギーの導入目標を一・三五％などという低い目標値を出せるはずがない。少なくともその一〇倍、一三・五％くらいの目標値がほしい。

次にエコ・エネルギーに恵まれた北海道、東北、九州などの電力会社には二〇一〇年段階で少なくとも電力供給量の二〇％はエコ・エネルギーで賄うような目標値を掲げてほしい。ゴミ発電を新エネルギーに含めるなどという欺瞞はすぐに止めてほしい。ゴミ発電を認めると、ゴミを大量に出すことが良いこととされ、エコロジカルな生活が成り立たない。

買い入れ価格を「電気部分」と「環境貢献部分」に分け、もうすでに十分新エネルギー等を所有していると国が勝手に判断した電力会社は、「電気部分」だけの低い価値で買い取れるなどという制度はすぐにも止めてほしい。

全国の電力会社はその供給地ごとの特色を活かして営業政策を進めるべきで、エコ・エネルギーに恵まれているというすばらしい特色を活かそうとする道を、国が法律で禁じていることになる。それは大変まずい。

一番大事なことは、発電手段によって、電力の買い上げ価格を変えるという発想に立つことだ。二酸化炭素や放射性廃棄物を出し、環境に大きな負荷を与える発電方式と環境にプラスの影響を及ぼす発電方式とで、つくった電力が同じ価格で購入されるのは絶対におかしい。発電手段ごとの買い入れ価格は、前項に書いた計算式を参考にしてほしい。

需要抑制に炭素税の活用も

欧州などの諸外国では、エネルギー源を誘導するために環境税（多くは炭素税）を導入している所が多い。

例えば、最も早い一九九〇年一月に導入したフィンランドは、電力一kW時当たり〇・七四円、ガソリン一ℓ当たり四・三二円、天然ガス一立方メートル当たり一・九円の環境税をかけている。一九九九年四月に改正したドイツでは、家庭用電力一kW時当たり一・四円、産業用電力は同〇・五円、ガソリン一ℓ当たり六・五九円、天然ガス一立方メートル当たり〇・一八円の環境税をかけている。

オランダの環境税は、ガソリンと天然ガスに課せられる「広く燃料一般に課せられる税」と「小規模なエネルギー消費に課せられる税」に分け、前者はガソリン一ℓ当たり一・二七円、天

温暖化対策として環境税を導入している国

国名	導入時期	課税対象	税収の使途
フィンランド	1990.1	化石燃料	一般財源
オランダ（一般燃料税） （エネルギー規制税）	1990.2 1996.1	化石燃料 電力・天然ガス等小口消費	一般財源 社会保険料、所得税、法人税の引き下げ、省エネ補助金
ノルウェイ	1991.1	化石燃料	一般財源
スウェーデン	1991.1	化石燃料	一般財源
デンマーク	1992.5	化石燃料	一般財源
イタリア	1999.1	化石燃料	労働コストに対する課税や一部税の引き下げ、補助金
ドイツ	1999.4	石油・電力	社会保障負担の引き下げ、再生可能エネルギー補助金等
イギリス	2001.4	産業部門のガス、石炭、電力	社会保険料引き下げ、省エネ投資補助金

出典）大森恵子、pp.60-64、『資源環境対策』vol.36,No.16（2000）

然ガス一立方メートル当たり一・一円、後者は使用量八〇〇kW時以上一万kW時未満の電力は一kW時当たり二・四一円、使用量八〇〇〇立方メートル以上五〇〇〇〇立方メートル未満の天然ガスは一立方メートル当たり一〇円としている。

　ともに一九九一年一月に導入したノルウェーとスウェーデンは環境税の額が大きい。ノルウェーはガソリン一ℓ当たり一一・九九円、北海油田で燃焼される天然ガス一立方メートル当たり一一・二円。スウェーデンはガソリン一ℓ当たり一〇・九円、天然ガス一立方メートル当たり七・一九円。

　一九九九年一月に改正したイタリ

アは、有鉛のガソリンに対し一ℓ当たり六三・八四円もの環境税をかけて、どうせ使うなら無鉛にするよう誘導している。

このほかデンマーク、フランス、イタリア、イギリスが環境税を施行している（表：温暖化対策として環境税を導入している国）。

これらの国は、環境税で得た財源を多くは一般財源に注入している。だが、ドイツ、イタリア、イギリスでは目的税にしている。まずドイツでは、社会保障の負担の引き下げや再生可能エネルギーへの補助金などに使っている。イタリアでは労働コストに対する課税や一部税の引き下げや補助金に使い、イギリスでは社会保険料の引き下げや省エネ投資への補助金に使っている。

これらの国々では、課税により、発電手段を誘導したり、消費を抑制する効果とともに、税金の使い道でも、労働者の生活環境の改善やエネルギー使用の効率化もあわせて狙っている。そう考えれば、ドイツが電力における比率を拡大したいとしている風力発電などのエコ・エネルギーで生んだ電力にも環境税を課税している理由が分かる。

電力の需要は抑制すべきだ、という考えに立つ欧州諸国が相次いで導入した炭素税。発電手段の誘導には、異なる発電手段ごとに違った買い入れ価格を設定することで対応できるが、わが国でも電力需要全体を抑制する目的のために、炭素税の導入が検討されてしかるべきだと思う。

炭素税・環境税

国名	導入時期	
デンマーク（1992年5月導入）	電力 天然ガス	1.5円／kW時 3.2円／m²
フィンランド（1990年1月導入）	電力 ガソリン 天然ガス	0.74円／kW時 4.32円／L 1.9円／m²
フランス（2001年1月導入予定）	天然ガスに換算すると 1.37～1.82円／m²	
ドイツ（1999年4月改正）	電力(家族用) 電力(産業用) ガソリン 天然ガス	1.4円／kW時 0.5円／kW時 6.59円／L 0.18円／m²
イタリア（1999年1月改正）	ガソリン(有鉛) 天然ガス(電力設備)	63.84円／L 0.5円／m²
オランダ 広く燃料一般に課される税（1990年2月導入） 小規模なエネルギー消費に課される税（1996年1月導入）	ガソリン 天然ガス 電力 (使用量800kW時以上1万kW時未満) 天然ガス (使用量800m²以上5000m²未満)	1.27円／L 1.1円／m² 2.41円／kW時 10円／m²
ノルウェー（1991年1月導入）	ガソリン 天然ガス (北海油田で燃焼されるガス)	11.99円／L 11.2円／m²
スウェーデン（1991年1月導入）	ガソリン 天然ガス	10.9円／L 7.19円／m²
イギリス（2001年4月導入予定）	ガソリン 天然ガス	0.76円／L 3.08円／m²

出典）大森恵子、pp.60-64、『資源環境対策』vol.36,No.16（2000）

日本でも二〇〇五年の導入を目指し、環境税（温暖化対策税）の検討が始まったが、経済界の一部には、「企業活力を低下させる」との反発もあり、予断を許さない状況だ。発電手段によって異なる買い上げ価格を設定するか、環境税で誘導するか、あるいはその両方を併用するかは別にして、環境に負荷をもたらさないエコ・エネルギーの普及・拡大に務めるべきだ。
何よりも国は、わが国のエネルギーの将来の主役はエコ・エネルギーだと定めて、そのための施策を打ち出すべきだ。そうすることによって初めて明るく輝く日本の将来ビジョンが描けるだろう。いや、石油もウラニウムも枯渇した二〇五〇年には、日本にはそれしか選択の道はないのだ。

《まとめ》

(1) エコ・エネルギーの普及・拡大を阻害するのは、電力会社の入札制度とRPS法だ。

(2) 入札制度が無ければ二〇〇三年度内に国が二〇一〇年の目標とした三〇〇万kWの発電風車は建設されていた。

(3) RPS法には、①二〇一〇年の導入目標量が低い、②エコ・エネルギーに恵まれている北海道も乏しい関西も同じ目標量である、③ゴミ発電を「新エネルギー等」として含めている、④新エネルギーからの買電価格を「電気部分」と「環境貢献分」にわけ、もうすでに目標値に達しているとした北海道電力は「電気部分」の一kW時当たり三・三円という安値でしか買わなくても良いとした、など多くの問題がある。

(4)　発電手段ごとに決めた異なる買い上げ価格で購入するのが望ましい。石油火力からは二酸化炭素の回収費用を差し引いた価格で、原子力発電からは放射性廃棄物を管理・処理費用を差し引いた価格で、エコ・エネルギーからは環境貢献分を加えた価格で購入して欲しい。

(5)　電力需要を抑制するため炭素税の導入も進める。

第3章　入札制度・RPS法が無かったなら

一転、減少する風車建設ペース

これまで毎年度倍増する勢いで増加してきた日本の発電風車が、一転増加ペースを鈍化させている。

●年度ごとの発電風車建設ペース（全国合計）

一九九七年度	九〇〇〇kW
一九九八年度	一万六〇〇〇kW
一九九九年度	四万五〇〇〇kW
二〇〇〇年度	六万二〇〇〇kW
二〇〇一年度	一六万九〇〇〇kW
二〇〇二年度	一五万一〇〇〇kW

一九九七年度の九〇〇〇kW以降二〇〇一年度の一六万九〇〇〇kWまで、各年度の発電風車建設は、毎年その前年度をほぼ二倍するペースだった。だが二〇〇二年度は二〇〇一年度を下回る一五万一〇〇〇kWしか建設されなかった。

二章でも述べたが、これは一九九九年度にまず北海道電力が導入を決め、その後、各電力会社に広がった入札制度が影響しているのは間違いない。

北海道電力は九九年六月に、その当時、発電風車の建設がハイペースであることに危機感を持ち、北電の総電力供給量、五〇〇万kWの三％未満に風力発電を抑制するべきだと判断した。五〇〇万kWの三％に当たる一五万kWを上限だとし、当時すでに九万kWの発電風車があったため、残り六万kWしかその後は建設させないと決めた。

翌二〇〇〇年度建設分として、一九九九年九月に締め切った公募には九件、一九万五〇〇〇kWの応募があった。北電はこの中から伊藤忠・NHKの幌延町の二万一〇〇〇kW、斐太工務店の江差町の二万一〇〇〇kW、丸紅が稚内に建設する一万五〇〇〇kWの合計五万七〇〇〇kWを採用した。入札制度がなければ少なくとも一九万五〇〇〇kWの発電風車が建設されたのが、二〇〇〇年度は五万七〇〇〇kWしか建設されなかったわけだ。

二〇〇一年度からは入札制度はお隣の東北電力にも飛び火する。東北電力は二〇〇一年度以降の三年間で、発電風車は三〇万kWしか建設させないと決めた。二〇〇一年度は公募の結果、合計一三件、二九万三二五〇kWの応募があったが、その中から岩手県葛巻《くずまき》町の電源開発の二万一〇〇〇kWなど一〇万七七五〇kWを選んだ。翌二〇〇二年度分も、応募一四件、三七万六一五〇kWの中から一〇万一九〇〇kWを落札している。入札制度が無かったなら、二年度で六六万九四〇〇kWが建設されたはずだった。

二〇〇一年度分に応募した秋田ウインドパワーの前田金作副社長は、「秋田港に九〇〇kW風車七基を建設する計画で応募した。kW時当たり九・六円になったが、もっと大規模なものでないと発電単価は下げられない」と残念がっている。

九州電力も影響大きく

このほか九州電力も二〇〇一年度から入札制度を導入した。二〇〇一年度は五件、八万四七五〇kWの応募に対し、三件、四万九七五〇kWの建設を認めた。二〇〇二年度は九州本土と離島をあわせて八件、六万四一一〇kWの応募の中から、七件、五万五三六〇kWの建設を認めた。二〇〇三年度は九州本土と離島をあわせて九件、一一万五〇〇〇kWの応募の中から、本土の六件、七万四九〇〇kWの建設を認める方針だ。

またこの二〇〇三年度分として、入札制度のほかに「風力発電連系申込みの受付」を実施した。これは、九州本土では五万kW、離島では種子島は七四〇kWなどと各島ごとに規模の上限を

入札などに応募した風車建設計画

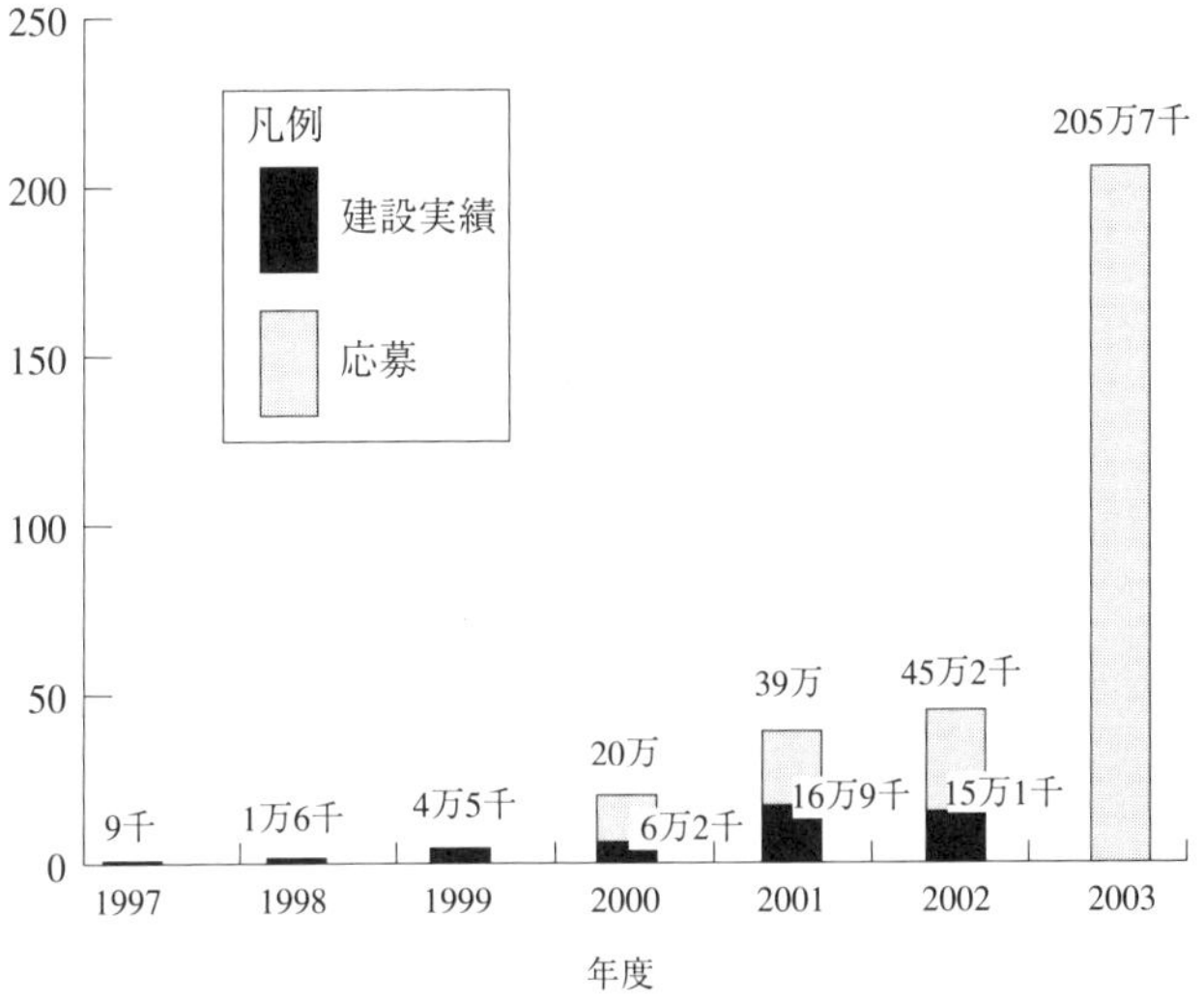

決め、七月一八日から応募を受け付けた。八月二〇日に募集を締め切ったが、この期間に九州本土と離島をあわせて、計五五件、六七万五二八〇kWもの建設希望が出された。九電はこの中から、二〇〇四年一月に候補者を決め、三月に発表した。九州本土で四件、五万七三〇〇kW、離島で三件、一八〇〇kWの建設を認めた。買い取り期間は一五年間とし、買い取り価格は、①「電気」＋「環境価値」を希望する業者とは協議して決め、②「電気」のみを希望する業者からは一kW時当たり三円で買い取る、としている。

九電の広報によると、「入札制度の買い入れ価格より高い価格で買い取ることは無いだろう」としており、価格決定を二〇〇三年度の末にしたのは、入札制度の価格を見て決めたいとの思惑からだろう。

もし北電と東北電と九州電力が入札制度を導入していないとするならば、二〇〇〇年度は二〇万kWもの発電風車が建設されている。二〇〇一年度は三八万九五〇〇kW、二〇〇二年度は四三万四〇〇〇kWが建設されていることになる。

他の電力会社も入札

二〇〇一年度からはこれら三電力会社以外の東京電力、中部電力、北陸電力、四国電力、中国電力も入札制度を導入した。

二〇〇二年度までは応募がなかった北陸電力は、二〇〇三年度分として北陸パワーステーションから九〇〇〇kWの建設希望があった。石川県の能登半島の内側の中島町に二〇〇四年九月に完成、一一月に通電を開始した。

中部電力は二〇〇一年度に二万kWのワクを設け募集したが、二件、二万一〇〇〇kWの応募があった。だが建設されたのはこのうち一件、一万四〇〇〇kWだけで、買電を開始したのは二〇〇二年度だった。

四国電力は二〇〇一年度に一万五〇〇〇kWのワクで募集した。三菱重工業が愛媛県瀬戸町に一〇〇〇kW風車を一一基、合計一万一〇〇〇kW建設する案で応募した。だが渡り鳥の問題でもめ、着工が二〇〇二年九月に遅れ、完成は二〇〇三年一〇月だった。

中国電力は二〇〇二年度分として、一万kWを募集したが、丸紅が一五〇〇kW風車を三基建設する計画で応募、二〇〇三年一一月から通電している。

東京電力は二〇〇一年度に二〇〇二年度完成を目指す一万kWを募集したが、千葉県飯岡町に四二五〇kWを建設する計画をエムアンドディーグリーンエネルギーが出し、二〇〇二年五月に買電開始した。二〇〇二年度は三万kWのワクで募集、五件、五万四五〇〇kWの応募があった。二〇〇三年度の通電を目指し、エコパワーなど三社、合計三万一五〇〇kWを落札した。

これらが入札なしで、希望通りに建設されたとすると、二〇〇二年度は中電の一万四〇〇〇kWと東電の四二五〇kWで計一万八二五〇kWが加わる。北電、東北電、九電と合計すると、二〇〇二年度分は四五万二二五〇kWにもなる。二〇〇三年度は北陸電の九〇〇〇kW、四電の一万一〇〇〇kW、東電の五万四五〇〇kWが加わる。

さらに北海道電力は二〇〇三年度分として一〇万kW分の発電風車の建設を二〇〇三年春、公募したところ、七四件、六五万五〇〇〇kWもの応募があった。実はこの公募は、北電が風力発電からの電力の買い入れ価格を、一kW時当たりわずか三・三円という低価格でしか買わないという事実を発表した二〇〇三年四月一日の一日前の三月末に締め切っていた。風力発電からの電力買い入れ価格を、石油燃料分の「電気」と環境に貢献する「新エネルギー等電気相当量」に分けるというＲＰＳ法により、もうすでに十分自然エネルギーを活用しているとされる北電は、「電気」部分だけの安い価格で買い入れることが許されるのだ。

さて二〇〇三年度は入札制度が無かったとしたら、どれほどの発電風車が建設されるだろうか。

北海道電力では六五万五〇〇〇kW。東北電力は、五二万七八五〇kWの応募があった。九州電力では七九万二〇〇kWの応募があった。これらを合計するとこの三電力会社だけで、一九八万三〇五〇kWもの発電風車が建設されることになる。さらに北陸電の九〇〇〇kW、四電の一万一〇〇〇kW、東電の五万四五〇〇kWが加わり、二〇〇三年度は二〇五万七五五〇kWもの発電風車が日本に出来ることになる。

二〇〇三年度に国の二〇一〇年目標達成

毎年度確実に増えてきた風力発電の発電能力は、九七年度九〇〇〇kW、九八年度一万六〇〇〇kW、九九年度四万五〇〇〇kWから、入札制度が無かったら二〇〇〇年度には二〇万kW、二〇〇一年度には三八万九五〇〇kW、二〇〇二年度には四五万二二五〇kWと各年度だけで建設されていくはずだった。二〇〇二年度までの累計は一一二万kWを超えていたと言える。

さらに二〇〇三年度は入札制度を導入している電力会社だけで二〇五万kWを超える応募があり、これだけでも日本の風力発電の勢いはものすごいことになる。二〇〇三年度末までの累計では、国が二〇一〇年に達成目標とした三〇〇万kWを凌駕する三一七万kW以上の発電風車が建設されていることになる。逆に言えば、電力会社が導入した入札制度と前代未聞の悪法、RPS法の撤廃・改正が待たれるところである。

第4章　日本初の洋上風車建設作業見学記——北海道瀬棚町に見る

ヨーロッパでは既に珍しくない海上風車が、やっと日本でも建設されることになった。北海道の瀬棚町《せたな》（北海道南部の渡島半島の日本海側）に立つという。早速、瀬棚町と建設するジョイント企業の一社である川崎重工業にコンタクトを取った。その結果、八月（二〇〇三年）の第五週目の日曜から三日間、瀬棚を訪れることにした。その前の週に一基目が建設され、月曜に二基目が建設される予定だと町の担当者から聞いたからだ。

二四日の日曜日は、朝早く都内の自宅を出たが、飛行機、リムジンバス、特急列車、バスを乗り継いで瀬棚に着いたのは、夕方の四時を過ぎていた。宿に荷物を置いて、早速、風車が建設されている瀬棚港に行く。

確かに、海岸線に平行し、六〇〇ｍほど離れた防波堤の向こう側に一基の風車がクレーンを従えるようにしてスックと立っていた。

洋上風車であることを強調する写真を撮るには、風車の手前に海面を入れなければならない。そう思って海岸をかなり南下したが、思うようなショットは撮れなかった。あたりも薄暗くなって来た。宿に戻ることにした。

風車は防波堤の手前

風車機材の輸送路（苫小牧～瀬棚）

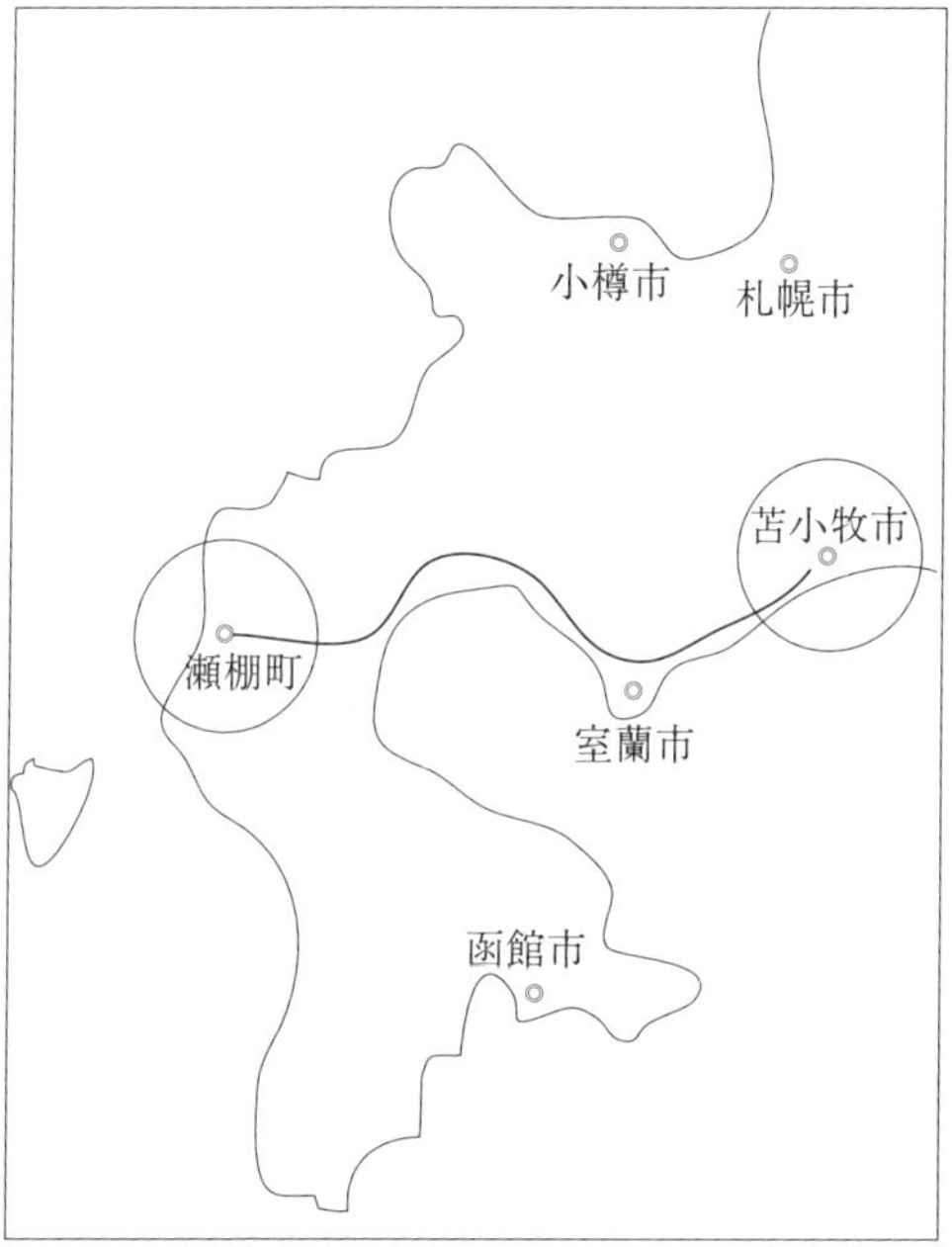

翌日は瀬棚町の産業振興課に神田昌・産業振興係長を訪ねた。まず、瀬棚港の地図をひらいてもらう。「風車はどこですか」。驚いたことに、彼は防波堤の手前に二つの○をつけた。

「え、防波堤の外側ではないのですか」「いや、内側です」

私はこれまで欧州の海上風車を見てきた。それらはコンクリート製の土台の上に立っていた。だがここ瀬棚の海上風車はそういう構造ではないのだという。海の中の海底に四本の足を打ち込み、その上にコンクリート製の台を設ける形だという。たまたまそのコンクリート製の台と防波堤の上の部分が同じ高さで、しかも夕方の西日が逆光で光っていたため、見た目、堤防の向こう側に風車があるように見えたというわけだった。

かなり高めの工事費

その後、建設のスケジュールを聞いた。それ以前に建設されていた一基目のコンクリート製の台の上に、二二日にタワーが、三枚羽根は二四日に設置されたという。二四日と言えば、私が瀬棚に到着した日曜日だ。あと一日早く来れば、三枚羽根の設置作業が見られたと思うと少し残念な気がした。二基目は二、三日中に建設される予定だという。風車はデンマークのベスタス社製。六〇〇kW機が二基建設される。総予算は六億七八〇〇万円だという。かなり高いと思う。

ちなみに、ここ瀬棚町には二年前に建設されたエコ・パワーの風車がある。規模も同じ六〇〇kW機が二基。三菱重工業製の国産で陸上の丘の上に立つという違いはある。だが、エコ・パワー製が総予算三億円弱で立ったと聞くと、いかに海上風車といえども、少々高すぎると思う。

●瀬棚町に建設された洋上風車と陸上風車の建設費比較

洋上風力発電設備の例

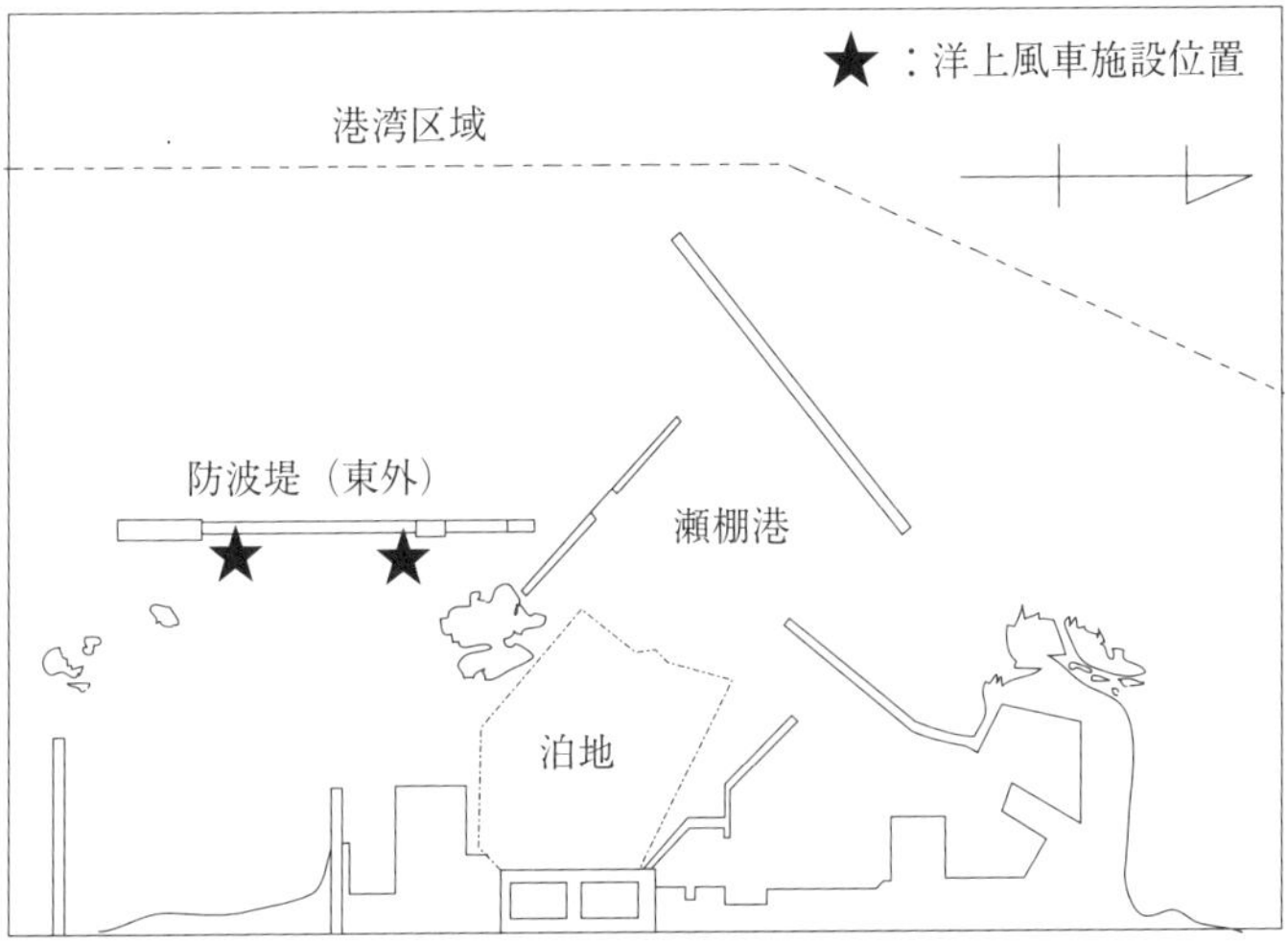

	総工費	一kW当たり建設費
洋上	六億七八〇〇万円	五六万五〇〇〇円
陸上	三億円	二五万円

「六億七八〇〇万円のうちベスタス社に支払われるのはいくらでしょうか」と聞いてみた。「わかりません」が答えだった。もっとも費用の四五％はＮＥＤＯ（新エネルギー・産業技術総合開発機構）からの補助金が得られると言う。風車のサイズはタワーの高さが四〇ｍ、三枚羽根の直径が四七ｍだと言う。

町は二〇〇〇年度に「平成一二年度瀬棚町新エネルギー策定——洋上風車建設事業化調査」のなかで、堤防上に六〇〇kW風車を建設する案や海上に一五〇〇kW風車を建設する案など八つのプランを比較検討した。その結果、堤防上に建設すると、堤防の強度に不安があるとの判断から、洋上に六〇〇kW機を二基建設することに決めた。建設場所は作業の安全性を考慮し、防波堤の内側の波の穏やかな地点とした。工法は四本の足でコンクリートの盤を支え、その上に風車を建設する「ドルフィン式」とした。

建設事業は二〇〇二年度、二〇〇三年度の二カ年度で行い、工事を川崎重工業と五洋建設のジョイント企業に発注した。二〇〇三年二月に着工、四月に地鎮祭、五月の連休明けから本格的な工事に取り掛かった。町は風車に保険をかけている。その掛け金は一基当たり年間三五万円だという。高いのか安いのか分からない。風車の建設は八月中に終わるが、海底に敷設する送電線の工事や試運転を経て、一一月中旬から北海道電力に売電する。この価格は一kW時当たりわずか三・三円だという。

●建設の日程まとめ

二〇〇三年二月　着工
二〇〇三年四月　地鎮祭
二〇〇三年五月　本格的工事開始（架台建設など）
二〇〇三年八月　風車立ち上げ
二〇〇三年一一月　試験運転（電力買い上げ）開始
二〇〇四年四月　本格運転開始

この値段設定は二〇〇三年四月に施行されたＲＰＳ法による。ＲＰＳ法では電力会社ごとに新エネルギーで賄うべき電力量を決めている。北海道電力はすでに風力などの新エネルギーを最早十分に持っているとした。北電は、「電気」部分だけで買い取れることとした。だから北電は自社で決めた石油火力の燃料分の一kW時当たり三・三円という安い値段でしか買わないのだ。

１号機の３枚羽根据え付け作業
（川崎重工業提供）

もっともRPS法では「新エネルギー等電気相当量」部分を他の電力会社に売れることになっている。だが瀬棚町は「新エネルギー等電気相当量」を他の電力会社に売ることは考えていない、という。私は「関西電力あたりなら買うかもしれません」と交渉することを薦めてみた。その結果、瀬棚町は某電力会社と「新エネルギー等相当量」の売却交渉を開始した。

川崎重工は資金に関して無言

川崎重工業の鉄構ビジネスセンター技術部総括機器装置技術部環境装置グループ参事という長い肩書きを持つ八木一浩氏に、瀬棚港近くの現地事務所で会うことができた。まず、それまでの工事の進捗ぶりを聞いた。

ブレードとナセル（増速機、発電機などを収容した箱）はデンマークのベスタス社製。六月にデンマークのアーハス港で船積みされたブレードとナセルは、苫小牧港に八月に陸揚げ、許可の関係で、ナセルは八月一三日に、ブレードは一九日に、苫小牧から瀬棚まで二〇〇㎞近い陸路をトレーラーで夜の一一時から朝の五時まで六時間かけて運ばれた。タワーは韓国製で一八日に瀬棚に着いた。風車が乗るコンクリート製のプレートは縦横一〇m、厚さ二m。それが鋼製直径一・二m、長さ二七・五mの四本の足で、海上四mで支えられている。プレートの上の面は海上六mになる。海の深さは一一～一二mだから、海底に約一〇m埋まっている計算だ。

これは海底油田の掘削をよくやる五洋建設の得意とする技術だという。

風車の建設地点は、海岸線から六〇〇ｍ離れた防波堤の内側ちょうど三〇ｍの地点なので、海岸線からは五七〇ｍ離れている。また二基の風車は互いに三三〇ｍ離れている。

「工事で苦労した点は」と聞く。「風で風車全体が揺れるため三枚羽根の据え付けでトラワイヤー（揺れ止め）が取りにくかった」との答え。建設した夏は昼間は陸から吹く東風が強く、西側に引っ張られながら据え付けねばならない。揺れ止めに苦労した、という意味だそうだ。

瀬棚では陸側の東からの風が強いという。せっかく四〇ｍのタワーを立てても、その先に高さ六ｍの堤防があるため、実質三四ｍの高さしか有効活用できない。堤防からはずして建設すべきだったのではないか、と聞いてみた。「波が静かで建設しやすかったので、あそこに建てた」が答えだった。建設環境が建った風車の効率に優先するなんて……。

続いて町が支払った六億七八〇〇万円の行方について尋ねた。「ベスタス社にはいくら払ったのですか」。「それは言えない」が答えだった。ジョイント企業の川崎重工業と五洋建設の配分についても、ノーコメントだと言う。

舟で海上風車を近くから見る

一通りはなしを聞き、壁に貼られた工法の説明図も見た。「さあ、では行きましょうか」。八木氏が言う。そういえば、舟で風車を近くから見たいと電話で要望してあったのだ。近くの船着場から小舟に乗る。だが折悪しく空から雨が降り出した。雨と舟がつくる飛沫からカメラを守らなければならない。まず、まだ風車が立っていない二号機のプラットホームに舟が近づく。写真を撮る。続いて前日立った一号機に近づく。全貌とアップを撮る。舟はグルリと一号機風車を回る。一号機には舟からプラットホームに上がる手すりつきの階段が設けられていたが、二号機の方はパイプを横に並べて二本のヒモからブラ下がったものがあるだけ。「費用を倹約したのです」と八木さん。六億七八〇〇万円もあったのでしょうと言いたくなった。

翌日は二号機の建設を見る

翌日も朝は早起き。朝食をすませ、八時前に宿を出る。八時一五分ごろ建設現場が見渡せる突堤に着く。この日も朝から良い天気。快晴、無風という風車建設には持って来いの日だ。本来、風が強い地域に建設される発電風車だけに、風が強すぎて難渋するケースは多い。

早くも建設工事は始まっていた。五〇m四方もある自己昇降式台船（セルフエレベーティングプラットホーム＝SEP）が二号機のプレートの側にセットされ、四本の足を水深一二、三mの海底にしっかりと下ろし、踏ん張っている。台船の上には、タワーが二本に分けられて横たわっている。「カツーン、カツーン」という音が台船から聞こえてくる。

八時半近く、台船の上の小さいクレーンが動き、タワーの下の部分を立ち上げる。小さい方は五〇ｔクレーンだ。続いて立ち上げたタワーを大きい二〇〇ｔクレーンが持ち上げる。プレートの中央に設けられた直径四ｍの円にタワーの下の部分を乗せる。やがてビスを回す電動工具の音が響きだす。タワーの下の部分をプレートに固定しているのだ。

一〇時二〇分過ぎ、タワーの二段目の設置作業が始まる。大きな二〇〇ｔクレーンが二段目

ナセルがタワーの上に乗る

の上の方を吊り上げ、小さな五〇tクレーンが下の方を吊り上げる。タワーの一段目と二段目を見ると、二対三ほどの比率で、二段目の方は長い。合計で四〇mだから、一段目が一六mで二段目が二四mの計算だ。

一一時一〇分過ぎ、二段目が一段目の上に乗り、両者をビスとナットで接続する作業が始まる。日差しは夏だ。東京はこの夏は冷夏で、こんな強い日差しを北海道で浴びるなんて……。発電機、増速機などが入っているナセルがクレーンで吊り下げられたのは一三時二〇分。二段がつながった四〇mのタワーの上にシズシズと乗せられる。ナセルとは、中にブレード（回転羽根）の回転を増速させるギア、電力を造る発電機などが入っている発電風車の心臓部を入れた箱。前にブレードがつき、タワーに乗る。

朝は全く無かった風がだんだん強くなってきた。川崎重工と五洋建設のジョイント企業の現地事務所に顔を出した。そこにいた若い男性に「今日はこれだけですか」と聞く。「そうです。三枚羽根は明日付けます」

さあ、引き上げ時だ。宿に置いてあった荷物を取り、一四時四一分発のバスに乗る。

三枚羽根は早朝に

翌日の夕方、瀬棚の八木氏に電話した。「羽根は付きましたか」「朝の三時から作業を始め、九時には取り付け終わりました」とのことだった。昼になると風が強くなり作業がしにくくなるとの判断から、超早朝に作業したようだ。今後は二つの風車を結び、海岸までの六〇〇ｍ余を送電線でつなぐ工事を行い、試運転を経て、一一月中旬に北海道電力に売電を開始する。

ただ売電価格が一kW時当たり三・三円と安く、町の運営は難航しそうだ。町は当初、海上風車を六基建設したい、としていた。今でも、「民間会社で資金協力してくれるところがあれば考えたい」と言う。だがこの売電価格で事業に協力したいという企業が現れるとは思えない。

何とも罪の深いＲＰＳ法である。

ところで、瀬棚町は北電に電力をいくらで買ってもらえばペイするのだろうか。投下した資金は六億七八〇〇万円。維持管理費を無視してこの金額を運転期間の一五年で回収するとすると、年間四五二〇万円の収入が必要だ。

一方、六〇〇kW二基の発電風車は年間三一五万三六〇〇kW時の電力を生む（利用率三〇％と仮定）。すると、一kW時当たり一四・三円で売れれば損得なしのトントンということになる。これが三・三円でしか買ってもらえないのだから瀬棚町の悩みはわかる。町は「環境価値分」を北電以外の電力会社に買ってもらおうと交渉を進め、二〇〇四年末に関西電力と、発電を開始した二〇〇三年一一月七日に逆上って電力の環境貢献分を売る売買契約を結んだ。

第5章　酒田海上風力発電所は日本の海上風車の一号か

前章で、日本の海上風車の第一号として、北海道瀬棚町の六〇〇kW風車二基を紹介した。だが、その後に山形県酒田市に立つサミットウインドパワー酒田が、本当は第一号ではないか、との疑問が出てきた。

瀬棚は二〇〇三年の一一月七日に試験運転を開始、二〇〇四年四月一日の本格運転開始を目指している。一方の酒田は、二〇〇三年一〇月一六日に試験運転を開始、二〇〇四年一月三一日から本格運転に入るという。

これだけなら、どう見ても酒田が海上風車の第一号なのだが、瀬棚が電力を売る北海道電力は、試験運転の段階から買電価格（一kW時当たり三・三円だが）を瀬棚町に支払う。一方、酒田の東北電力は本格運転までは、買電価格を支払わない。だから風力発電が商売として成り立つのは、瀬棚町は二〇〇三年一一月七日からで、一方の酒田は二〇〇四年一月三一日から、ということだ。

どっちが海上風車の日本第一号だろうか。

酒田に飛ぶ

二〇〇三年一一月上旬の土、日の連休に酒田に行くことに決めたのは、前日の金曜。だから最も理想的な一一時一〇分羽田発は満席で、その前の第一便の七時三五分発に乗ることになった。目覚ましを五時にセットして羽田に行く。機中で酒田は雨天と知る。庄内空港に八時四五分に到着。リムジンバスで酒田市に向かう。

前日に酒田市役所の方に風車建設地点への行き方を教えてもらっていた。酒田駅から吹浦《ふくら》行きか遊佐《ゆざ》行きのバスに二〇分ほど乗り、宮海口《みやうみぐち》で下り、海の方向に一km半ほど歩く、というものだった。

酒田市のバス停に九時四〇分過ぎに着き、やがて来たバスに乗る。「風車を見にいくのですがどの停留所で下りればいいですか」と聞くと、運転手が「ちょうどいいところで止めてあげよう」という。

バスを降りたのは一一時ごろ。教えられた道を海岸に向かって歩く。小降りながら雨も降っている。真っ直ぐな道はやや上りで松がたくさん生えた丘陵を越えていく。三〇分強歩いたろうか。右手に陸上に建った三基の風車が見えた。そっちへ向かって歩く。

地面に低い四角い杭のようなものが立ち、その上部に赤い矢印が左右に向かって描かれている。地中送電線が埋設されていることを示しているのだと思った。三基の下には三つのトレーラーが置かれていた。それぞれは事務室に使われていたり、資材置き場に使われていたようだが、そのときはだれもおらず、放棄されていたようだった。

宮浦海水浴場の海岸に沿い並んでいる三基の発電風車は、さすが日本で最大級の二〇〇〇kWだ。デンマークのベスタス社製で、ナセルには「Vestas」と社名が青い色で書いてある。タワーの高さは六〇m。三枚羽根の直径は八〇mもある。

一渡り風車を見て、写真も撮った。海岸沿いに戻る。先ほどの道に戻り、埋立地をさらに海に向かって進む。五〇〇mほど歩くと、埋立地とその沖合い五〇mほどに建設された防波堤がつくった幅五〇mの水路の中に一列に建設された五基の海上風車が見えた。

南北に五基が並んだといっても、一号機と二号機の間は三五〇m、二号機と三号機は五六〇m、三号機と四号機の間と四号機と五号機の間はそれぞれ三〇〇m、ついでに陸上に建った六号機と七号機の間と七号機と八号機の間はそれぞれ三五〇mだという。

普通欧州では風車間の距離は二Dとか三Dとか言う。これは風車の直径をDとし、その二倍開ければ二Dだし、三倍開ければ三Dとなる。

ここではDは八〇mなので、二Dなら風車の間隔は一六〇m、三Dなら二四〇mになる。それより広く風車相互の間隔を空けているのは、この地域での卓越風がほぼ真北からで、風車の配列を南北方向から少しずらしたためだという。

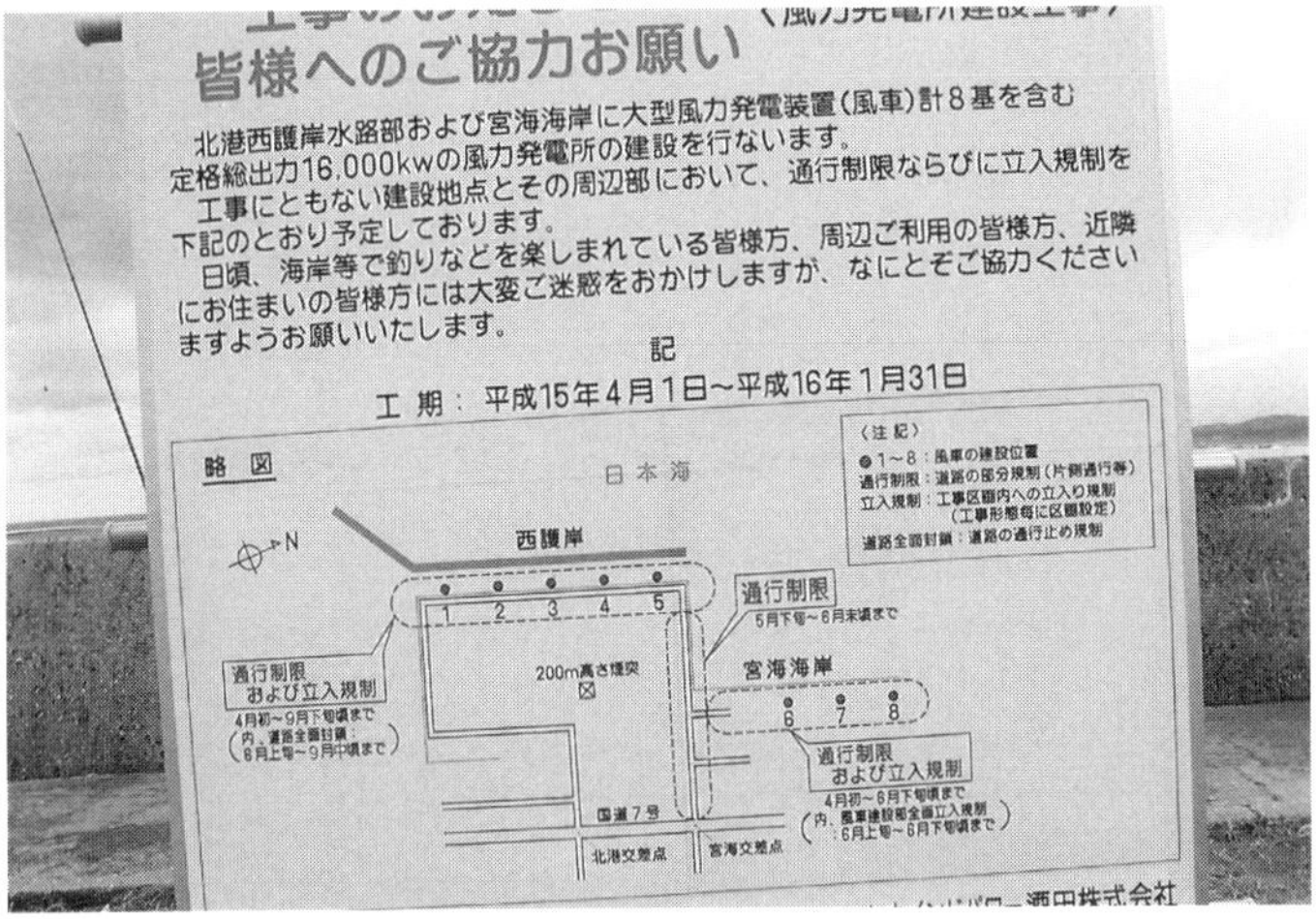

サミットウインドパワー酒田が掲げた看板

八本の鋼管がコンクリートの台を支える

住商を訪問

帰京して一日置いた火曜日、風車建設プロジェクトを推進している住友商事を訪問、話を聞いた。広報部長付報道チームの上田昌彦氏、エネルギー事業部次長で風車プロジェクトを実際に進めたサミットウインドパワー酒田の代表取締役でもあった岩田陸氏、エネルギー事業部第三課（自然エネルギー担当）主任の高瀬正道氏の三人が応対してくれた。

まず、資材の搬入から聞いた。ナセル、ブレードなど主要部品は、五月上旬デンマークで船積み、一カ月かけて酒田港に六月初めに到着。タワーは韓国から輸送した。このプロジェクトは住友商事が川崎重工業に発注、川重が五洋建設と東芝にさらに発注して行った。実際の事業は住商の一〇〇％子会社のサミットウインドパワー酒田が進めた。

現地の話に移る。八基の風車は酒田市に近い南の方から一号機、二号機と五基が海上に、残りの三基が北の方の陸上に立っている。海上風車は埋立地の酒田臨界工業団地とその五〇m沖合いにある高さ四・五mの防波堤に挟まれた水路上に立つ。それぞれ縦横一二mの四角の端を切り落とした八角形の厚さ二・五mのコンクリート台を、一本の直径一m、長さ二七m、肉厚一四mmの鋼管八本で支えている。海の深さは四～五mだから、海底には二二～二三m埋まっていることになる。この鋼管は一本の重さが九・三二tだという。この鋼管を海底に埋めるのにバイブロハンマーという工法を使った。細い管を通し水を強く噴射し鋼管を振動させながら埋めていく工法だ。

八本の鋼管が支えるのは、まずコンクリートの台。平面の面積が百数十平方m。厚さが二・五mでコンクリートの比重が二・三五なので、重さは七三三・二tもある。この中には鉄筋も一基当たり三〇t含まれている。さらにその上に、三段で重さ一二〇tのタワー、六一tのナ

酒田の海上風車

セル、一枚六・五tで三枚あるブレードが乗るので、八本の鋼管は総計九六三・七tもの重量を支えていることになる。一本当たり一〇〇tを超す。

タワーは下が長さ一〇m、その上の二段がそれぞれ二五mで合計は六〇m。ブレードの長さは一枚四〇m。ブレードを含めた最高到達点は一〇〇mにもなる。なお、タワーの太さは下のアンカーリングの部分が直径四m、上のナセルに繋がる部分が直径三mだという。

●風車の性能

カットイン風速（発電開始）　毎秒四m
定格出力（二〇〇〇kW）　毎秒一五m
カットアウト風速（発電停止）　毎秒二五m

回転数の制御はブレードの角度を調節して行うピッチ制御。定格回転数は毎分九～一九回転。

現地で見た風車には合計四本の電線が接続されていた。これが何なのかを訊ねた。最も上の線は落雷時に活躍する避雷針。次の二本が送電線で、直流のため送り込む線と引き出す線。一番下の細い線は情報を送る光ファイバーの線だという。

二〇〇四年一月三一日の午前〇時から東北電力に売電するが、その販売価格について訊ねた。東北電力が入札時に設定した上限価格は一kW時当たり一〇・八九円。入札で落札した四件

（住商一件、ユーラスエナジー三件）の平均がこの上限価格より二割強低いと東北電力が言っているという。計算すると同八・七円程度か。

土地所有者に地代をいくら払っているか訊ねた。地方に発電風車を建設する場合、利益の多くを東京の事業者が持っていってしまい、地元にはほとんどメリットが無いことが多い。ドイツでは売電収入の一〇％を。デンマークでは二〇％を土地所有者に払っており、地方の人々から発電風車待望論が出ているほどだ。日本でも早くそういう状況を作りたい、と思っての質問だ。

岩田陸氏が答えた。「もちろん地元に土地の使用料を多く払いたい。建設地は山形県の土地なので専有料を払っている。だが入札制度の下で、経費を安くしなければならない状況下では、使用料を奮発しにくい」。なるほど。やはり入札制度が地方に発電風車を普及する上での障害になっているようだ。

また岩田陸氏は、「入札がたくさんの建設地点に対して行われるのはおかしい」と言う。同一の場所に建設する業者間でなら入札も意味があるが、という意味だ。私もそう思うが、風力発電の総量を抑えたい電力会社の立場からすれば仕方ないところなのだろう。

最後に現地で見た地中送電線のことを聞いた。小さな杭やバッジで表示されていたものだ。国道七号から海岸部分まで総延長は四㎞に及ぶという。

サミットウインドパワー酒田が作ったパンフレットによると、この二〇〇〇kW風車八基は二〇〇四年一月三一日から一七年間、毎年四〇〇〇万kW時の電力を東北電力に売電する、という。一般世帯の年間使用電力量を三六〇〇kW時とすると、約一万一〇〇〇世帯、すなわち酒田市の全世帯の三割の電力使用量を賄うことになる。建設に要したエネルギーコストは三年程で回収できるという。定格出力で二〇〇〇kW風車八基が一年間運転を続けたとすると、二〇〇〇×八×二四×三六五で一億四〇一六万kW時の電力を生む。年間四〇〇〇万kW時の電力とは二八・五％の利用率を想定していることになり、かなり強気の予想だと言える。風況に絶対の自信を持っているのだろう。

電話で取材

後日いくつかのことを電話で確認した。まず山形県港湾事務所。海上風車が建設された埋立地と堤防の間の水路は何のためのものかを聞いた。「緩衝地帯で特に何の機能も持たない」とのことだった。

次に東北電力。なぜ試験運転中は発電した電力を購入しないのか、を訊ねた。「試験運転期間は安全を確認するためのもの。安全確実に発電できることが確かめられてから購入する」とのことだった。一方の北海道電力は、「試験運転と本格運転を区別しない。我々が買うのは電力量のkW時だ」と言う。

最後に日本初の海上発電風車のライバル、北海道瀬棚町に聞いた。堂端重雄産業振興課長は、「酒田は水路で洋上ではない。港湾緑地だ」と海上風車であることを否定した。確かに酒田では、大型の六五〇ｔクレーンを埋立地の陸地の上に据えて建設作業を進めた。だが瀬棚だって縦横五〇ｍほどの自己昇降式台船の四本の足を海底まで伸ばして、その上にクレーンを乗せて建設作業をしていた。両者にさほどの違いは無いように思う。瀬棚だって瀬棚港の中で洋上ではないのに、と考えてしまう。欧州の海上風車は北海などの遠浅の海に建設されるため、海岸から数㎞は離れているものが多い。酒田も瀬棚も、そういう意味では本格的な海上風車とは言い難い。

どっちが日本初ですか、という質問には、「両方日本初でいいと思います」という答えだった。さて読者の皆さんはどう思われますか。

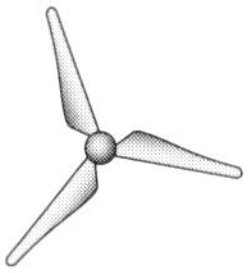

第二部　世界の実情

第6章　スペインの風力発電が急拡大した理由

ビセドーを見る

霧の中に数基の風車が見えた。風車は次々に姿を表して来た。松岡正明氏が運転する日産製の四輪駆動車は、スペイン北西部のラコルーニャの空港から、早くも一時間は走っていた。「この風車群は、我々トーメングループとは関係がない、ムーラスというウインドファーム（WF＝風力発電地域）です。デンマークの風車メーカー、ベスタスと合弁のガメッサというスペイン企業のものです。六六〇kW機が一〇〇基以上あります」。

松岡氏の説明は続くが、一〇〇基以上という風車群はとても一度には見られない。だが霧の中でかなり大きな風車群だと想像できる。

さらに三〇分位走ったあと、我々は当面の目的地、ビセドーWFに着いた。ここは完全に大西洋に面した高台にある。山の峰の上に六〇〇kWの風車が一列に四一基並んでいる。

風車はスペインの造船会社、バザーンが、ラコルーニャの近くのフェロールの造船所で、デ

スペイン取材旅行

ビセドーは600kW機が41基

各国の風力発電

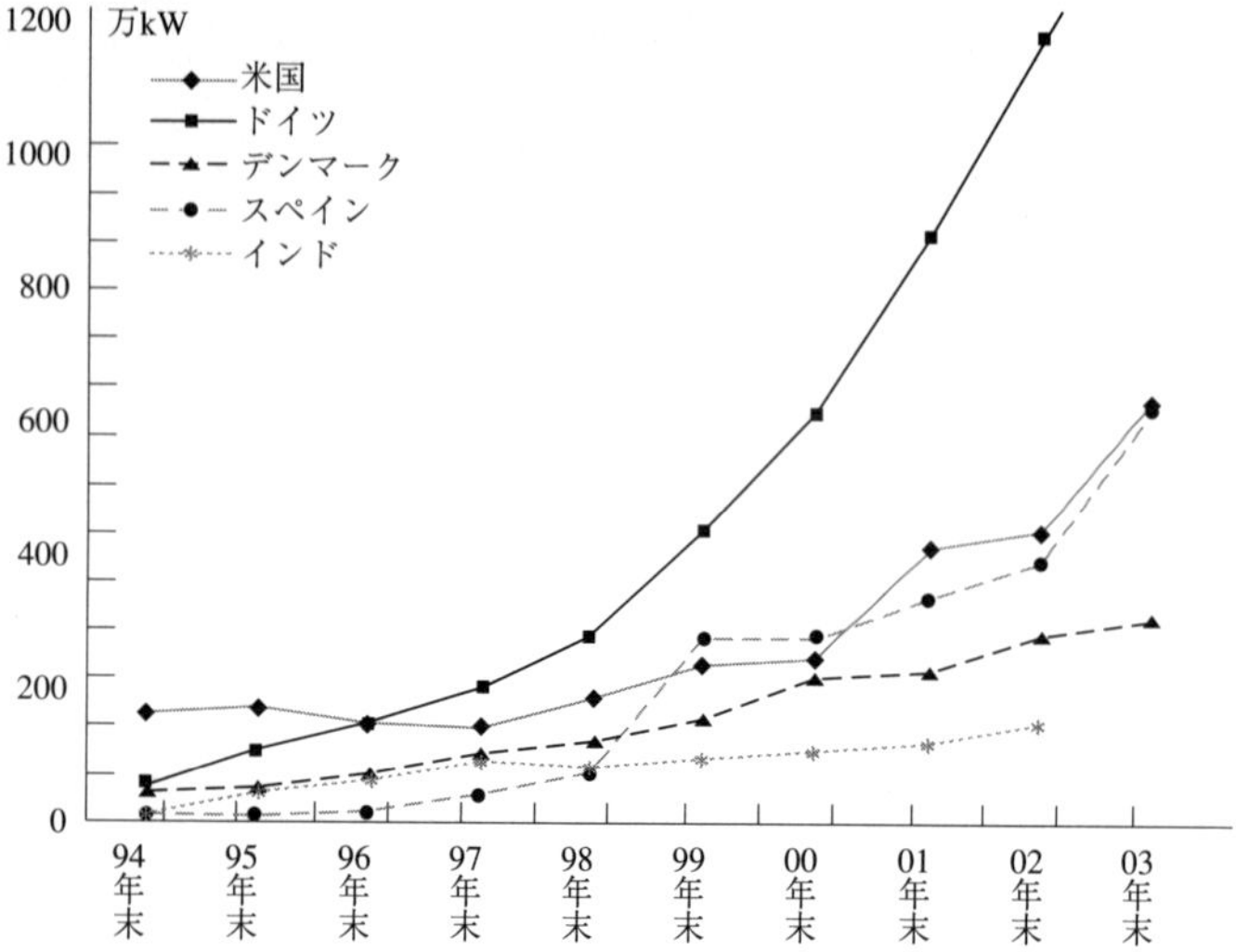

ンマークの風車メーカー、ボーナス社のライセンス生産の形で製造した。一九九八年三月に着工、九九年三月に完工。製造コストは六〇億ペセタ（四二億円）かかった。風車の所有は、トーメン・パワー・ヨーロッパが九七・五%、トーメン・パワー・コーポレーション英国が二・五%。

タワーの高さは四〇m、三枚羽根の直径は四四m。一列の並んだ風車の相互の間隔は約八〇mで、直径の約二倍で二Dという。土地は幅三〇〇m、長さ四㎞を買い上げた。山のてっぺんなので安く、一平方m当たり三〇〜四〇円だったという。そこを見たあと発電した電力を昇圧して送電するサブステーションへ行った。一三万二〇〇〇Vに昇圧する装置は「ブーン」というかなりな音をたてていた。

松岡氏は日本の貿易商社、トーメンの風車建設部門（現ユーラスエナジー）からスペインの風車建設会社、エウロベントに出向しており、もう何年間もスペインでの風車建設に関わっている、若いがもうベテランの風車建設事業者だ。

松岡氏に聞くと、一九九四年末には七万二〇〇〇kWと低く、その時点で、米国（一六三万kW）、ドイツ（六四万三〇〇〇kW）、デンマーク（五四万kW）、インド（一二万kW）に離されていたスペインの風力発電は、九七、九八年に急拡大、九九年末にはインド、デンマークを抜き、二〇〇一年一〇月には米国も抜き、ドイツ（七二七万kW）に次ぐ世界第二位の二七八万九〇〇〇kWとなった。

地元にもメリット

翌日は、大西洋側にウインドファーム、パシャレイラスを訪れた。ホテルまで迎えに来てくれた松岡氏は、車の中でいろいろな話を聞かせてくれた。

「現地の人々とはアミーゴ（友達）でないとうまくいきません」

例えば現地の食堂が工事の人々によって儲かり、さらに増設工事を望むようになることが望ましいという。食堂の儲けのほか、地方税、建設許可税、労働者の雇用、土地のリース料、登記料などの地元へのメリットはもちろん、松岡氏の会社は、公民館を建設したり、地域のバスケットボールチームにボールを寄付したり、会社の車を買う時も本社のあるサンチャゴではなく、建設地のディーラーから買うようにしているという。

日本では電力会社が風力発電の増加を望まない。風が止んだ時のために他の発電手段を同量用意しなければならず、不経済だという理由からだ。だがスペインではそんな事はない、という。

スペインでは電力会社が風力発電会社を兼ねることが多い。例えばスペイン最大の電力会社、エンデサは一〇〇%子会社が風力発電会社だし、ナンバー二の電力会社、イベルドーラは出資したガメッサグループを通じて風車メーカーを持っている。ナンバー三の電力会社、ユニオン・フェノーサは「バルバンサ」という風力発電プロジェクトに出資している。電力会社は風力発電から買う側と売る側に属している。風力発電事業のうち八割は電力会社がらみ、だという。だが風が止んだときはどうするのか。日本の電力会社が不安に思う風力発電の欠点については、後日サンチャゴのガリシア州の役所で聞くことになる。

パシャレイラスを見る

パシャレイラスはサンチャゴの西の大西洋側の海岸近くにあるいくつかのウィンドファーム

からなる。

まず、パシャレイラス一&二a。デンマーク・ボーナス社製六〇〇kW機六六基で一九九八年三月完工したプロジェクト。これは総事業費一〇〇億ペセタ（七〇億円）で、風車建設会社のエウロベント社とテラノバ社折半出資によるJVに対し建設ローンが組まれた。風力発電施設の所有は、トーメン・パワー・ヨーロッパが四八・五%、米国電力会社のシナジーが四八・五%、スペインの技術会社、ゲステンガが三%。

次に、パシャレイラス二c―f。スペインの造船会社、バザーンが、デンマークの風力発電機製造会社、ボーナス社製風力発電機をライセンス生産した六〇〇kW機が七三基。九九年四月に着工、二〇〇〇年五月完工。建設コストは九五億ペセタ（六七億円）。このプロジェクトは、九六年一月にテラノバ社がガリシア州政府から承認された五二万五〇〇〇kWの開発推進枠の第三段プロジェクト。発電風車の所有は、トーメン・パワー・ヨーロッパが半分の五〇%、トーメン・パワー会社英国が四五%、テラノバ・エネルギー会社が五%。風車のタワーの高さは三六m、三枚羽根の直径は四四m、風車相互は八〇m離れており、直径の約二倍なので二Dという。

この二つのウインドファームはすでに完成している。山並みの上に数機ずつ並んで気持ちよさそうに回っている。

これらを見たあと、管理事務所に寄った。

「我々は環境に気を使って風車を建設しました」。担当者は言う。例えば風車が一列に並んでいると、鳥が横切りにくい。だから風車は数機ずつ固めて建設し、鳥が横切れる空間をつくっている、という。事務所の地下には、すべての風車の風力、発電状況などを一元管理できるコンピューターの端末があった。係の人は操作していろいろな数字を表示してくれた。

建設中のパシャレイラス二bを見る

その後、車でパシャレイラス二bに行った。二bとか一&二aとかいう記号は、そのプロジェクトを州政府に申請した時の通し番号だという。パシャレイラス二bは、その時まさに建設中。すでに一段目のタワーが立っている所で、大きいクレーン車が二段目を吊り上げようとしている。一段目のタワーの下部部分では、作業員が地上にタワーを固定するナットを機械で回している。固定し終わったころクレーンに吊り下げられたタワーの二段目が、一段目の上に近づいていく。

そこまで見てその場所を離れたが、他の風車を見てしばらくして松岡氏に言われて振り返ると、タワーの上にはすでにナセルが乗っていた。

意外に短時間で一基の風車が立つのだと思った。この調子で風車が増えていけば、この地域は一大風車地帯になるだろう。

二〇〇〇年末、ガリシア州は六一万五〇〇〇kWの風車を持ち、スペイン最大の風力発電州だ。以下、二位はナバーラ州の四七万五〇〇〇kW、三位はカスティーリャ・ラ・マンチャ州の三〇万kW、四位アラゴン州、五位カスティーリャ・レオン州などとなっている。

管理事務所で性能を聞く

その後、昇圧して送電するサブステーションへ行った。六六〇〇〇Vに昇圧して送電するというサブステーションは一億円以上の建設費がかかったという。

次に、管理事務所に行った。建設中のパシャレイラス二bの風車の性能を聞いた。建設地の年間平均風速は毎秒八mの後半だという。理想的な風速だ。風車は羽根の角度を変えて、毎分二七回転という一定の回転をする。もちろん風速に従いねじれの力であるトルクが変化し発電量も変わってくる。毎秒四mの風で発電開始、一二mで定格出力の六〇〇kWを発電、二五m以上で回転を止める。この年は一カ月に一回以上停止しているが、前年は風が特に強く一週間に一回はストップしたという。特に冬に風が強く、平均利用率は三〇％を超す頑張りぶりだという。

この管理事務所には、風車をメンテナンスする会社の社員二七人が働いている。建設後も地元の雇用に役立っている。

ガリシア州工業局を訪問

翌朝は、ガリシア州の工業局を訪問した。ラミン・オーダス・バディア氏というまだ三〇代と思われる局長が対応してくれた。まず私はガリシア州がスペイン最大の風力発電州であることの理由を知りたいと思い、なにか特別な誘導策はあるか、聞いてみた。州としての特別な誘導策は無い、という答だった。「風がいい。それに尽きる。それとスペイン政府が決めた風力発電からの買い上げ価格が高水準なことが大きい」という。

ここで知り得たスペインでの風力発電事業者からの電力買い上げシステムと買電価格について触れておこう。

(1) 風力発電事業者からの電力買い取りは、現在一九九八年末に制定されたローヤル法二八一八/一九九八によって決められている。

(2) その内容は、有資格設備で発電された電力は地域電力会社がプレミアム付き価格で買い取ることが義務づけられている。

(3) 買電価格については、毎年末に発表、翌一月から適用になる。

(4) 買電価格は、①プール価格+プレミアム価格（毎年末政府が発表）か、②固定価格（毎年末政府が発表）のどちらかを風力発電事業者は選ぶことができる。

(5)　プール価格はおおむね「三〜九ペセタ」の間で毎時間動き、過去二年間の平均は「同六ペセタ」。プレミアム価格は一九九九年は同五・二六ペセタ、二〇〇〇年は同四・七九ペセタ。

(6)　固定価格は、一九九九年は同一一・〇二ペセタ、二〇〇〇年と二〇〇一年は同一〇・四二ペセタ。

(7)　固定価格もプレミアム価格も毎年変動するが、平均電力価格の八〇％になるよう設定されている。

なるほど、風力発電事業者が損をしないように、買い取り価格が決められているようだ。ここで私は、北海道電力で聞いた「風力発電は当てにならない。風が吹いている時はいいが、止むとその分を他の発電手段でカバーしなくてはならず、ムダになる」という見方について、どう思うかたずねた。

バディア局長は明快に答えた。

「現在は風を予測できる。ガリシア州では冬に強く、また何時ごろ強く何時ごろには弱くなるかもほとんど完璧に予測できる。ガリシア州では年間八七六〇時間のうち三割近い二五〇〇時間は発電できるほどの風が吹いている。もちろん風は止む時もある。その時は、二五〇〇万kWの水力と二五〇万kWの火力を用意して、いつでも対応できる。それに州外ともやりとりできる」納得した。

「現在（二〇〇一年六月）、ガリシア州は七八万kWの風力発電を持ち、スペインの三〇％を占めている。政府が決めた買い上げ価格、風のポテンシャル、送電線建設などの州の助けで、二〇〇七年にはこれを三五〇万kWにまで伸ばしたい」とも言う。

ちなみにこの年、二〇〇一年の末には、ガリシア州は一〇〇万kW、スペイン全体では三二〇〇万kWにまで伸びるという。

ガリシア州工業局を出て、松岡氏と郊外のホテル、オウエルト・デル・カミノに行く。ロビーでビールを飲みながら話をする。日常の仕事で、一番苦労するのは、風車を建設する土地の確保だという。地権者三〇〇人の中には、南米へ行っていて、クリスマスにしかスペインに戻らないなどという人もいる。ビセドーではそういう人からも同意書を集めて契約したという。

ガリシア風力協会訪問

翌日は松岡氏と彼の会社の社長のJ・マヌエル・パゾ・パニアグア氏と一緒に、まずガリシア風力協会を訪れた。ホテルからすぐ近かった。EGAと呼ばれるこの団体は風力発電事業者を支援するもの。インゴ・ムニオズゲン事務局長が応対してくれた。

「ＥＧＡは事業者の意見を集約して、スペイン政府やガリシア州政府に要望を出しています」。ムニオズゲン氏は話し出した。一〇年前は風力発電に理解が薄かった住民もこの二、三年、認識が高まってきた、という。風力発電はガリシアの人々の心をつかみ始めた。風力発電の欠点と効用を人々に知らせ、理解を得るのが大切だ。騒音や景観など問題も多いが、それを埋めて余りある効用がある。建設予定地の土地所有者をなだめ、建設に同意してもらうことも、大切な仕事だという。一〇年前は三〇基の風力発電機で生産していた電力を今では一つの発電機でうんでいる。ガリシア州では風力発電は三〇〇〇人の雇用をうんでいる。

風車の建設コスト（kW当たり）も一九八六年には二七万五〇〇〇ペセタ（三九万円）だったものが、九一年には二〇万ペセタ（二八万円）、九四年には一七万五〇〇〇ペセタ（二五万円）を割り、二〇〇〇年には一四万ペセタ（二〇万円）まで低下した。この数字を聞いた後、私は、電力一kW時当たりの発電コストが聞けると思った。日本ではkW当たりの風車建設費の後には、必ず電力一kW時当たりの発電単価が出ている。だが、それは出ないという。

発電能力kWが決まっている風車の建設費をkWで割ればkW当たりの建設費は出るが、その風車が「生涯」に発電する電力量で建設費を割らなければkW時当たりのコストは出ない。だが、その風車が何年もつか、という「生涯」が、建設時には分からない、というのだ。なるほど。その通りだと思う。では、なぜ、日本ではkW時当たりの発電単価を出しているのだろうか。松岡氏によれば、「かなりいいかげんにエイヤっと出している」という。お礼を言ってガリシア風力協会を辞去する。

帰国後、風力発電のベンチャー企業、日本風力開発の塚脇正幸社長にこの話をしたら、「いや、日本では電力会社との買電契約期間の一五年を償却期間として、kW時当たりの発電単価を出している」という。なるほど。だが買電契約期間が決められていないスペインでは、そういう方法は取れないのもまた事実なのだろう。仮にスペインの風車を日本と同じ一五年間運転で計算すると、利用率二五％だと一kW時当たり六円、三〇％だと五円という発電単価となる。

ガリシアエネルギー協会訪問

その後歩いて、ガリシアエネルギー協会を訪れた。ホアン・カミャーノ・セブレイロ氏はガリシアエネルギー協会の会長。彼自らが応対してくれた。

「二〇一〇年までに、ガリシア州の電力エネルギーの八三％をリニューアブルエネルギーにしたい」。セブレイロ氏は話し出す。リニューアブルエネルギーには、水力、バイオマス、風、太陽光、などがあるが、水力は大型のダムは駄目だし、小水力はすぐには伸びないだろう、という。バイオマスは、フンや木材などだが、これからのエネルギーだ。太陽光はスペインの北部にあるガリシア州には適さない。

そこで「風」に期待が集まる。ポテンシャルとして一〇〇〇万kWはあると思う。二〇〇七年一二月までに三五〇万kWは実現できる。その後も五〇〇万kWを目指す。二〇一〇年の電力の八三%をリニューアブルで、という目標の実現は風の利用にかかっていると言えるだろう、という。「今、電力のうちリニューアブルはどのくらいなのですか」ときいてみた。話をまとめると別表のようになる。

風力、リニューアブルエネルギーの電力に占める比率

	現在（二〇〇〇年夏）		二〇一〇年	
	風力	RE	風力	RE
ガリシア州	一〇%	三五%	三八%	八三%
スペイン	一・六%	一九・九%	八%	二九・四%
欧州		一四%		二二%

要するに、欧州全体の中でスペインは大きく、そのスペインの中でガリシア州は突出しているようだ。風がいいガリシア州で、風力発電を伸ばしているガリシアエネルギー協会を辞去し、松岡氏の車で、ソダベントという所へ向かう。

スペインの風力を育てる法律をみると、ローヤル法二八一八／一九九八が制定される前は、

一九九四年に制定されたローヤル法二三六六／一九九四があった。さらにその前は一九八二年法があった。だが一九八二年法での買い上げ価格は低く、発電事業者に風車を建設しようという意欲を起こさせるものではなかった。ローヤル法二三六六／一九九四によって、買い上げ価格は一五％以上アップし、風車を建てようという意欲を事業者に持たせ、一九九五年以降、風車は急拡大した。さらにローヤル法二八一八／一九九八で、プール価格が初めて出来、それ以降スペインの風力発電は急成長してきた。

ソダベントはメーカーのショールーム

ガリシア州政府は、風力発電機建設業者にそれぞれの風車を一カ所に並べて建設させようと考えた。普通、風車の建設業者は他の業者と比較されるのは好まない。だが、州政府が音頭を取ったことで、業者もＮＯとは言えなかったようだ。

松岡氏の車は次第に細い道へと入って行く。松岡氏もここは初めて訪れるという。社長のパニアグア氏から渡された地図を持ってのドライブだ。カーブを曲がった時、前方にいくつかの風車が見えた。モマンという地域で進められたソダベントの建設工事はもうほとんど終わっており、二週間後の六月二一日にスペインの皇太子を呼んでオープニングセレモニーを行う予定だという。

山の背の上にたくさんの風車が並んでいる。中央に建てられた建物は会議室、トイレ、資料館。そこを覗いていると、男の人が出てきた。ガリシア州のソダベントで技術エンジニアをしているエンジェル・J・ヘルミダ・ガロッテ氏だ。まず、ここにはどんなメーカーのどんな風車が建っているか聞いてみた。

バサン社製の六〇〇kW風車が四基と一三〇〇kWが一基。

ガメッサ社製の六六〇kW風車が四基。

マデ社製の六六〇kW機が四基と八〇〇kW機が一基と一三〇〇kW機が一基。

エコテクニア社製の六四〇kW機が四基。

ミーコン社（デンマーク）製の七五〇kW機が四基と九〇〇kW機が一基。

合計二四基が並んでいる、という。建設資金は総計で三〇億ペセタかかった。

その後、ガロッテ氏の車に乗って、風車を回る。まず行ったのは、エコテクニア社の六四〇kW風車。表示板の数字を見る。風速毎秒三・一m。羽根は毎分一九回転。次の瞬間、風速は毎秒四・二mになり、発電は四四・二kWに変わる。また次には風速が毎秒四・七mになり、発電は六七・七kW。次は五・七mの七九kW。

次に訪れたのは一番南の端にあったバサン社がデンマークのボーナス社の技術供与を受けて建設した一三〇〇kWの大型風車だ。高さは四九m、三枚羽根の一枚は二九mある。だが北の端から三基目にあったマデ社の一三〇〇kWはもっと大きかった。塔の高さは六〇m、三枚羽根の直径はなんと六一mもあり、塔の中にはエレベーターまで設置されているという。この土地は幅は二〇〇m、長さは四~五kmあり、面積は約九haだという。

北の端からさらに北方を見ると、アスポンテ石炭火力発電所が見えた。スペイン最大の一四〇万kWを誇るもので、モウモウと煙をあげていた。地球環境などと言わなくても、こっちの風車の方がずっと良いに決まっている。だが向こうは一四〇万kWなのに、風車はわずか一万七五四〇kWだ。これはどうしようもない現実だ。

建設資金の三〇億ペセタは、三二・五%をガリシア州政府が、二二・五%をIDAE(スペイン省エネ新エネルギー開発公団)が、残りの四五%を電力会社が出した。

バサン社の一三〇〇kW風車の下でガロッテ氏に話を聞く。地上には大きな羽根がゆっくりと回転する影が回っている。その写真を撮る。ガロッテ氏によると、もう建設作業は最終段階。仕上げのチェックをやっている所だという。

広いウインドファームに二四もの風車が回っているのを見るのは気持ちいい。ガロッテ氏にお礼を言って辞去する。

マドリッドのIDAEへ

松岡氏にサンチャゴ空港へ送ってもらう。まだ陽は高いが、時計を見るともう夜の八時だ。

スペインなどの5つの風車メーカーが24基の機材をそろえた風車のショーウィンド（ソダベント）

松岡氏にここ数日間のお礼を言う。空港でビールを飲み、やがて搭乗。マドリッドのホテルへ着いたのは、もう真夜中の一一時ごろだった。

翌朝は、起きて朝食も取らずにタクシーでIDAE（スペイン省エネ新エネルギー開発公団）へ行く。受付で来意を告げ、二十数階のIDAEを訪れる。IDAEの受付で私は「私はIDAだ。IDAEとよく似ている」と言ったが、受付嬢は少しも笑ってくれなかった。中へ導き入れられる。長いこと待たされたが、やがて出て来た担当者、ビクター・オリモス氏は、私の質問に答えて、「スペインの電力料金は一kW時当たり二〇ペセタ。だがこれはここ数年で一〇～一五％低下している。風力発電の発電コストの低下とそれからの買電価格も同じペースで下がっている」

「スペインの風力発電のシェアは、現在一・五〜一・七％だ。これを二〇一〇年には八％まで高めたい」と説明した。

スペインでの風力発電からの買電価格は、日本とさほど変わらない。スペインで風力発電が急成長したのは、①風力発電機を初めとしたコストが格段に安く、②風況が特別に良い——ことが理由だろう。

結語——スペインに風力発電が多い理由

一　風が強い
二　起こした電力を高く買ってもらえる
三　国が送電線を全国に敷設する（事業者は経費を負担しなくて良い）
四　政府が風力発電を増やす方針。法令で規定
五　買う側の電力会社が売る側の風力発電事業者と一体化
六　風車建設が地域社会に貢献。雇用に効果
七　開発余地が全国に残る

ＩＤＡＥを去り、タクシーでマドリッド空港に行く。次はオランダのアメルスフォートに太

陽光発電の取材に向かう。

その後もスペインは風力発電の設備能力を拡大し続け、二〇〇一年末三五五万kW、二〇〇二年末四八五万kW、二〇〇三年末六二〇万七〇〇〇kWと順調に伸ばし、二〇一〇年に全電力の八％を風力で、という目標をほぼ確実にしており、ドイツに注ぐ世界第二位の位置を米国と争っている。

第7章　ドイツに風力発電が急拡大した理由

ドイツで風力発電が急拡大しているという話は、私を落ち着かない気持ちにさせていた。二〇〇〇年四月から新しい法律ができてかなり効果を上げているという。いつかは現地、ドイツに行って、その仕組みを学びたいと思っていた。

風が強くないドイツ

元来、ドイツは風が特に強い方ではない。インターネットで手に入れた「地上五〇mでの風況」によると、「平野部」で最も強い毎秒七・五m以上の①地域は全く無い。次いで同六・五mから七・五mまでの②地域も北の方の細く存在するだけ。国土の大部分は同五・五mから六・五mの中程度の風の③地域か、同四・五mから五・五mのやや弱い風の④地域で、南西部には同四・五m以下の最も弱い風の⑤地域さえある（地図参照）。

英国の北部、スコットランドは最強の①がほぼ全域を占めるし、デンマークの北部、ノルウ

欧州風力地図

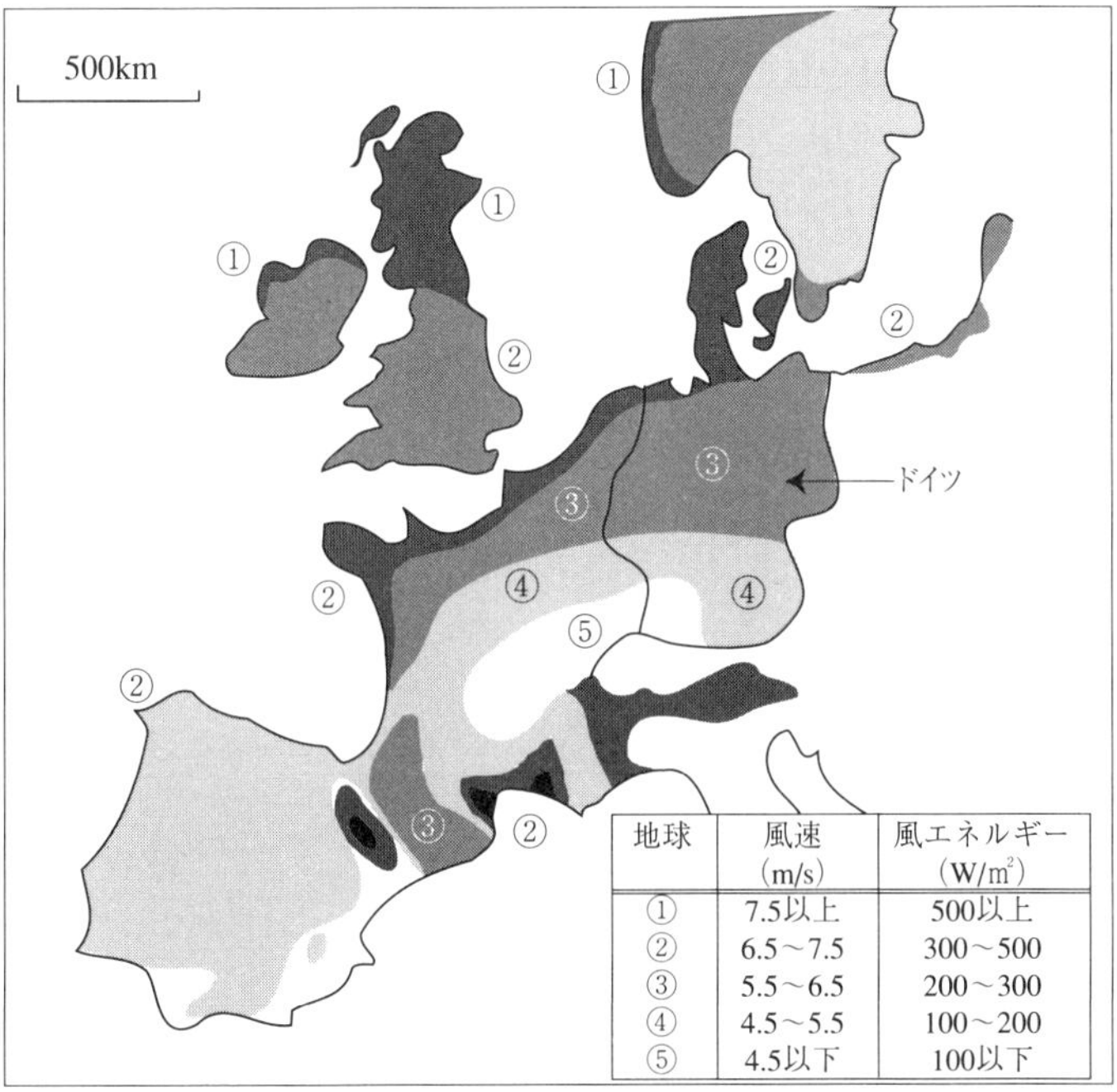

地球	風速 (m/s)	風エネルギー (W/m²)
①	7.5以上	500以上
②	6.5～7.5	300～500
③	5.5～6.5	200～300
④	4.5～5.5	100～200
⑤	4.5以下	100以下

エーの海岸べりも強風地域だ。だが、これらの国で風力発電が盛んだという話は聞かない。だが、ドイツには世界中の発電風車の三分の一が存在するし、欧州に限定すると、何と二分の一があるというのだ。これには何か原因が存在するはずだ。

「弱風地域ほど高価買い入れ」の論文

旧知の鹿児島大学の橋爪健郎先生が、デンマークのフォルケセンターのプレーメン・メゴール氏が書いた「センセーショナルなドイツ循環エネルギー法と革新的な料金原則」という英文の論文を日本語訳したものを、ネットに見つけた。早速プリントした。

読み進むうち、驚きと感動に震える部分にぶつかった。

「(風力発電からの買電価格は)改定された新法では風況のよいところでは二〇年間の耐用年数を通じて一三・五ペーニッヒ、中程度のところでは一六・四ペーニッヒ、内陸のあまり風が吹かないところでは一七・三ペーニッヒとなっている」

何ということか。風が弱いところほど高く買い取ってくれるなんて。ドイツ全土で風車が乱立するのは当然だ。これぞドイツの風力発電の急成長の秘密だ。早速、ドイツの研究所や風車メーカーに訪問許可申請と質問を英文で書き送った。質問は、

(1)　この料金原則の中で決められている風況の良いところ①とは毎秒何m以上のところをい

うのか

(2)　中程度のところ②は毎秒何mから何mまでか

(3)　風が弱いところ③とは毎秒何m以下のところか

(4)　①、②、③はそれぞれドイツ全土に何平方㎞あるか

(5)　新法施行以①、②、③ではそれぞれ風車が何基、何kW増えたか

などというものだった。

訪問申請には「ウエルカム」という答えが多かったが、質問には回答が全く無かった。ともかくも六月二二日（土）出発した。一日目は昼すぎに家を出て、成田からキャセイパシフィックに夕方六時に乗った。香港経由で翌朝フランクフルトに着く。日本で買った「ジャーマンレイルパス」を使い、フランクフルト中央駅でドイツ国鉄に乗り、ハノーバーで乗り換え、北西ドイツのオルデンブルグのホテルには午後三時半すぎに着いた。

ピーター・アメルス氏が各地を案内

三日目。六月二四日（月）。ホテルをチェックアウト。駅へと歩いていく。二〇分で着く。九時三三分発の予定が、六分遅れの九時三九分にオルデンブルグ駅をスタート。一〇時二四分に終着のウイリヘルムスヘブン駅に到着する。ノートにマジックで「Dr. Peter Ahmels」と大書し

て掲げながらホームを歩く。と、ホームに人待ち顔のアメルス氏が見えた。アメルス氏は前年、東京で行われた日本風力エネルギー協会主催の「日本風力エネルギー利用シンポジウム」で、協会の招きで来日、講演をした人だ。約一年ぶりの再会となる。すぐに彼の車に乗り、「フリースランドＷＦ（ウィンドファーム＝風力発電地域）」に向かう。

フリースランドＷＦは、ベスタス社が一九九三年から九五年にかけて五〇〇kW風車を一〇〇基建設したもので、総出力は五万kW。広大な麦畑の中に広がっていた。やがて車は北海に面する海岸に出た。北海に浮かぶ島々が遠望できる。ドイツの本土からおよそ一〇km離れて東西に海岸線と平行するように並んでいて一〇ほどの島だ。アメルス氏の説明によると、「これらの島々と大陸との間の海域は、国立公園で海上風車（オフショワ）は建設できない」という。島々のさらに向こうの海域は一〇～二〇ｍの水深で、ハンブルグへ行き来する航路を除けば、海上風車の建設が可能だという。

ついでアメルス氏は私を自己所有の二基の風車の所に連れて行った。「My little (Wind) Farm」と彼が称するものだ。ベスタス社製で九一年に建設した三〇〇kWと、九三年に建設した五〇〇kWだという。タワーの高さはそれぞれ四〇ｍ。「今でもがんばって私たちのために売電収入を稼いでいる」との説明だった。「一〇年前はドイツで数百人に過ぎなかった風力発電関連産業従事者は、今では三万五〇〇〇人になりました。これが二〇一〇年には五万人になると考えられています」。アメルス氏の説明は自信にあふれていた。

フリースランドWFはベスタス社製の500kW機が100基

循環エネルギー促進法

アメルス氏は私を自宅へ連れていった。田園の中にゆったりとレイアウトされた広々とした優雅な邸宅だった。最初家の西側に置かれた椅子とテーブルにノートを広げたが、そこは風が強くてノートがめくれて話がしにくかったので、東側に移動した。

「風車発電からの売電収入は、二〇〇〇年四月施行の『循環エネルギー促進法』(Gesetzent-wuef Erneuebare-Energien-Gesentz=EEG) では、最短が五年間、最長は二〇年間、一kW時当たり九ユーロセント（一二円強）で買い上げます。その期間はその風車が建設された土地の風況によって決まります。風況が良く、大量の電力を発電できた風車からは、最短の五年間しか高い九ユーロセントで買い上げません。五年が経過した後は一段低い同六ユーロセントに買い上げ価格が引き下げられます。中程度の風況で、そこそこの発電量のところからは発電量にに引き下げられます。風況が悪く発電量があまり伸びないところに建設された風車からは最長の二〇年間、高い九ユーロセントで買い上げられます。この法律は強い風が吹く地域だけでなく、弱い風しか吹かない地域にも風車の建設を促進しよう、との願いが込められているわけです」。アメルス氏の説明だ。

なるほど、資本主義経済の原則からいえば、風力発電に適している風況の良い地域で発電するのが、良いのだろう。しかし、それだけだと風況の良いところだけに風車立地が集中、風車は過密に建設しにくいから、すぐに風車の建設が限界に至るだろう。二〇〇〇年四月ごろ、ドイツはそういう意味で限界に到達したのだ。その限界の殻を打ち破るのが「循環エネルギー促進法」なのだ。

アメルス氏が話してくれた風力発電事業者からの買電価格の話は、日本で読んだデンマーク、フォルケセンターのプレーメン・メゴール氏の論文と違っていた。メゴール氏は、風況の良いところでは一kW時当たり一三・五ペーニッヒ、中程度のところでは同一六・四ペーニッヒ、内陸のあまり風が吹かないところでは同一七・三ペーニッヒとしていた。ペーニッヒはマルクの一〇〇分の一だ。一ユーロが一・九五五八三マルクだから、一三・五ペーニッヒは六・九ユーロセント、一六・四ペーニッヒは八・四ユーロセント、一七・三ペーニッヒは八・八ユーロセントだ。日本円にして一二円弱だ。

だがアメルス氏は、買電価格には二段階しかなく、それは一kW時当たり九ユーロセントと六ユーロセントだという。私はまだこの段階では、メゴール氏の三段階説とアメルス氏の二段階説のどっちを信じていいのか、半信半疑だった。それほど日本語で書かれたものの信用力が大きいということだ。

リパワー社を訪問・見学

四日目の六月二五日（水）。この日は地元、フーズムにある風車メーカー、リパワー社を訪れることになっている。

リパワー社は元々は、一九五一年に設立されたヤコブ・エネルギー有限会社という名の、風力発電機のメンテナンスや修理を行う会社だった。一九九三年にミュンヘンのＭＡＮ風力テクノロジー（株）から「アエロマン」を買収、世界各地にある四五〇台のアエロマンのサービスパーツの供給とサービスを行うようになった。

一九九四年には独自に五〇〇kW風車を開発、設置した。この経験をもとに六〇〇kW風車を開発、世界の一〇〇地点に建設。一九九八年からはMW（一〇〇〇kW）クラスの風車の製造を開始した。ＭＤ七〇は定格出力一五〇〇kWで、ローター直径は七〇・五ｍ。内陸部での操業の採算性を高めるため、ＭＤ七〇の翼を直径七七ｍに拡大、タワーの高さも最高一〇〇ｍにまで高くしている。

増大する需要に対応するため、二〇〇〇年にフーズム造船所を買収した。ヤコブ・エネルギー有限会社は二〇〇一年にさらにいくつかの会社を合併、現在のリパワー社になっている。現在フーズムとヘイドにある同社に働く社員は九一人。

日本でリパワー社と代理店関係にある明電舎に紹介してもらい、アジア販売責任者のヤコブ氏と会うことになっていた。

リパワー社のアジア部門の販売責任者、ヤコブ氏にはすぐ会えた。ランチを取りながらのインタビューだ。コッペパンに肉や野菜を乗せたものとコーヒーが用意される。

まず、どんな規模の風車を建設しているかをたずねた。

六〇〇kWから二〇〇〇kWまでを製造している。具体的には、六〇〇kW、七五〇kW、一〇〇〇kW、一五〇〇kW、二〇〇〇kWの五種類で、一五〇〇kWが建設の中心だという。

次に海上に風車を建設するオフショワについて聞いてみた。二〇〇四年にも海岸線から二〇kmのところに一基五〇〇〇kWの風車を一〇〇基建設する計画だという。その海の水深は二〇ｍだという。「二〇ｍは深すぎないですか」と聞く。これまで欧州で見たオフショワがたいてい水深二～四ｍの所に建設されていたからだ。だがヤコブ氏は「いやちっとも深すぎない」と言う。

生産規模について尋ねた。「五年前は三〇基ほどだったのが今は三五〇基ほどに拡大している」と言う。「では、二〇一〇年と二〇二〇年にはどれくらいにまで拡大すると思いますか」と尋ね

ドイツ取材旅行

た。だがこれに関しては「予測は不可能だ」と言われてしまった。中国、日本、韓国に輸出している、との話だった。「中国はどの地域に輸出しているのですか」と尋ねた。「ウルムチの近くです」。しめた。私が訪れたことのあるダーバンジョン（達坂城）でしょう。そういうとヤコブ氏は驚いた顔をしていた。

インタビューは短時間で終わった。建設工場を見せてくれると言う。

建物の外に出る。思いのほか風が強い。少し歩いて工場建屋に向かう。広大な建屋だ。まず一五〇〇kWの風車の回転の時中心部になるセルがあった。羽を三枚取り付ける円が三方に向いて大きく口を開けている。次も一五〇〇kWだ。次はやや大きい二〇〇〇kWだ。広大な工場が狭く見える一瞬だ。最後はやや小型の七五〇kW。これらの写真を自由に撮らせてくれた。後にこれが珍しいことを知る。撮影は禁止の工場が多いのだ。お礼を言って辞去する。一三時ごろになっていた。のんびり歩いてホテルへ戻る。

風力エネルギー促進協会訪問

五日目。六月二六日（木）。

本当はこの日はキールに泊まりたかったのだが、この一週間はキールでヨット大会が開かれており、ホテルはどこも満杯。とても予約出来なかったのだ。フーズムを九時前に出た。一時間半近く経った一〇時半前にキール駅に到着。Ｅメールで送ってもらっていた地図をたよりに風力エネルギー促進協会の事務所を訪れた。

Ｅメールをやり取りしていたマイク・クラフト‐シュレヒトベグさんとまず挨拶した。私はその人を男性だとばかり思って、Mrと称号をつけてメールを送っていたのだが、若い女性だった。さっそくこの会の代表のデトレフ・マッチーセン氏に挨拶する。四〇歳代前半とも思える若さだ。

私に循環エネルギー促進法の日本語訳を渡してくれた後、ドイツでの風力をはじめとする自然エネルギーを促進・拡大するための法律の整備の説明があった。

まず一九九一年施行の全ドイツを対象とする法律があり、これにより自然エネルギーからの電力を電力会社は買い取ることを義務付けられた。当初は電気料金の一定比率（九〇％）の価格で買い取られていた風力発電だったが、一九九八年の改正で、低下し続ける電力料金に関わらず、買い上げ価格は一定水準を保つことが保証された。

そして二〇〇〇年四月施行の新法「循環エネルギー促進法」だ。これは、二〇一〇年に自然エネルギーからの電力を、現状の五％から一〇％へと倍増することを目標にしている。

ドイツの風力発電からの買電制度の変化を見ると、一九九一年一月に風力発電から買電を開始（電力料金の九〇％で）し、一九九八年には低下し続ける電力料金にかかわらず、買電価格を一定に保つよう法改正があり、二〇〇〇年四月の「循環エネルギー促進法」施行により急拡大した。

地熱発電からの買電は、二万kW未満の施設からは一kW時当たり八・五ユーロセント、二万kW以上の施設からは同七ユーロセントで行われる。

バイオマス（生物資源）発電に対しては、五〇〇kW未満の施設からは一kW時当たり一〇ユーロセント、五〇〇kW以上五〇〇〇kW未満の施設からは同九ユーロセント、五〇〇〇kW以上の施設からは同八・五ユーロセントで買い上げる。

面白いのは、風力発電からの買電だ。

「循環エネルギー促進法」による風力発電からの買電価格決定の仕組みは次の通りである。

(1) 一五〇〇kWの風車が高さ三〇mの地点で風速が毎秒五・五mの時に一年間かけて発電する電力量を一〇〇%とする（稼働率二五%だと三二八万五〇〇〇kW時）。

(2) 通常ドイツではもっと条件の良い地域が多いので、その一・五倍（一五〇%）の四九二万七五〇〇kW時を一年間に発電するケースもある。それ以上を発電する発電風車からは、発電開始以降五年間、一kW時当たり九ユーロセントで買い上げる。六年目以降は買い上げ価格を同六ユーロセントに引き下げる。

(3) これを基準とし、それより少ない発電量しか発電できなかった風車からは九ユーロセントで買い上げる期間を延長する。

(4) 基準を下回る場合、基準との差の〇・七五%につき二カ月間、九ユーロセントで購入する期間を延長する。

従って、一四〇%しか発電できなかった風車からは、

（一〇%÷〇・七五%）×二カ月＝二六・七カ月　二六・七カ月（二年と二・七カ月）間延長されるから、

五年＋二六・七カ月＝七年＋二・七カ月　七年三カ月弱の間、九ユーロセントで買われる。

その後同六ユーロセントに引き下げられる。

(5) 仮に一一〇%の発電量しか得られなかった風車だと、どうだろうか。

一五〇％－一一〇％＝四〇％

（四〇％÷〇・七五％）×二カ月＝一〇六・七カ月＝八年八・九カ月　が五年間に加えられるから、

五年＋八年八・九カ月＝一三年八・九カ月

一三年九カ月弱の間、九ユーロセントで買い上げられる。

(6)　九ユーロセントで買い上げる最長期間は二〇年と決められているという。

高い九ユーロセントで買い上げられる期間が延長されるのは、風況に恵まれない時だけではないという。事故や操作ミスで風車が停止しても、この計算式は適応されるという。これは風車の発電能力が一五〇〇kWの風車の例だが、一〇〇〇kW、六〇〇〇kW、四〇〇〇kWなど、すべての発電能力に合わせて、基準の発電量が決められている。つまり風が弱いところにも風車を建設できるようにという配慮の現れだ。

列車でドイツを回っていると、なるほど風が強いとされる北ドイツには風車が林立、もう建設余地はほとんど無い。風車を増やすには南部に建てるしかない、と思われる。そう判断して、風が弱い南部にも建てやすくしようとの狙いの法律だ。

デトレフ・マッチーセン氏の説明は終わった。

「なるほど。すばらしい制度ですね。ところでこの制度を考えた人は誰なのですか」と聞いてみた。「我々、風力エネルギー促進協会です」という。そうか、どうりで説明が分かりやすかったわけだ。

順序が逆になったが、「風力エネルギー促進協会とは、どんな団体なのですか」と尋ねる。「政府機関とエネルギーを利用する企業とが一緒に資金を出し合って一九八五年に設立した団体です」とのことだった。現在は八〇の団体・会社が会員になっているという。設立以来、風力発電の普及のための技術的ガイドラインを作成したり、電力の望ましい供給策を提言したりしているという。

ドイツはこれまで欧州の再生可能エネルギーをリードしてきた。風車などの輸出はデンマークの方が多い。

風力発電の発電コストは、他の発電方法に比べ一kW時当たり〇・一ユーロセント高い。二〇一〇年には倍増するので、〇・二ユーロセント高くなる。だが、ドイツをはじめ世界が直面する環境問題は、もっと大きな問題だ。この一kW時当たり〇・二ユーロセントというコスト高は、消費者にとって大きい額ではない。

九ユーロセントは電気料金の五四%

さて、ところでこの風力発電からの買電価格、九ユーロセントは、ドイツの電力料金の何%

に当たるのだろうか。ドイツへ出発する前、市民エネルギー研究所の安藤多恵子代表に教えてもらったドイツの電力料金と比較してみよう。

(1)　主として二つの種類に分けられる。
一つは、基礎料金が年間二八・四二ユーロで、使用料金が一kW時当たり〇・一五九五ユーロ。これは月間使用量が二七〇〇kW時まで安い。……A
もう一つは、基礎料金が一カ月八・九五ユーロで、使用料金が一kW時当たり〇・一二九五ユーロ。これは月間使用量が三〇〇〇kW時以上消費する場合に安い。……B
一般家庭の場合、Aだと思われるので、Aで、月間使用量四〇〇kW時のケース(イ)と五〇〇kW時のケース(ロ)を試算してみよう。

(2)　(イ)は二八・四二ユーロを一二で割り、一カ月分の基礎料金を出し、それに一kW時当たりの使用料〇・一五九五ユーロの四〇〇倍を加える。最後に四〇〇で割ると、一kW時当たりの料金が出る。〇・一六五四ユーロだった。
(ロ)のケースも同様に計算すると、〇・一六四二ユーロだった。

(3)　二〇〇四年四月の一ユーロ＝一三四円で換算してみると、(イ)は二二・二円、(ロ)は二二・〇円になる。

(4)　さて、九ユーロセントは、料金の何％になるか。(イ)では五四・五％、(ロ)では五四・七％。ともに五割を超えている。

翻って、日本の風力発電からの買電価格は、電力料金の何％なのだろうか。東京電力に聞いてみた。通常、顧客の契約アンペア数は三〇Ａか四〇Ａが多いという。

三〇Ａ契約の場合、月間の基本料金は七八〇円、四〇Ａ契約の場合は一〇四〇円だという。使用料金は、ゼロから一二〇kW時までの使用については一kW時当たり一五・五八円。一二〇から三〇〇kW時までは同二〇・六七円。三〇〇kW時を超える分は同二二・四三円。これで計算すると、三〇Ａ契約で四〇〇kW時使用した場合は、八六一五円で、一kW時当たりは二一・五円。五〇〇kW時使用の場合は一万八五八円で一kW時当たりでは二一・七円。一方、四〇Ａ契約の人が四〇〇kW時使用した場合は、八八七五円で、一kW時当たりでは二二・二円、五〇〇kW時使用した場合は一万一一一八円で、一kW時当たりでは二二・二円。電気料金は、ドイツとほぼ同じだ。

ところが、買電価格をみると大きな開きがある。日本では以前、風力発電事業者からは、国が決めた一kW時当たり一一・五円で買われていた。だが、その後。北海道電力を始め電力会社は競争入札を導入、同九円前後の安値で落札している。最近は二〇〇二年には同七・八円、二〇〇三年には六・五円で落札している。六・五円だと、電力料金の二一・五円や二二・二円の、それぞれ三〇％、二九％でしかない。これだけ見ても、ドイツで風力発電が拡大し、日本でそれほどでもない理由が分かる。

脱原発も狙うドイツ

それにしても、ドイツはなぜこんなに風力発電をはじめとした自然エネルギーを増やそうとしているのだろうか。その答えを、日本に帰ってから新聞の切り抜きに見つけた。

二〇〇二年二月三日付けの日本経済新聞は、「ドイツ脱原発法が成立」という記事を載せていた。それによると、「ドイツ連邦参議院（上院に相当）は一日、国内で稼働中の原子力発電所を平均運転期間三二年で廃止、新規の原発建設も禁止した脱原発法案を承認した。連邦議会（下院）はすでに通過しており、同法は成立した。国内に一九基ある原発は二〇二〇年ごろまでに全廃されることになる」とある。

そうなのだ。ドイツは危険で環境に害のある原子力発電を少しでも早くやめようとしているのだ。どこかの国では、原発を建設すると国会議員の懐が潤うため、自然エネルギーを促進する議員連盟が、いつの間にか軌道修正してしまったが、ドイツでは、そんなことよりも、もっと大切なことがあると、国会議員はもちろん国民一人一人が、はっきりと分かっているのだ。

事務所に戻り、私は二〇〇一年末、全ドイツとシュレスヴィッヒ・ホルスタイン州内の風車の基数と発電能力を聞いた。全ドイツは一万一四三八基、八七五万三七〇〇kW、州内は二三五一基、一五五万五二〇〇kWだという。

その後、ラナート・レーダー氏が『デュウチェ・ヴィント・エネルギー・インスティテュト』二〇号二〇〇二年二月という雑誌の最終ページにあったドイツの地図に各州の風力発電施設の二〇〇一年末段階での基数と発電能力を記入したものを見せてくれた。「わあ、これはいい。ぜひ下さい」。言うと、デトレフ・マッチーセン氏が、外のコピー屋にわざわざ行ってコピーを取って来て渡してくれた。

それを今見ると、確かにシュレスヴィッヒ・ホルスタイン州は風車は多いのだが、州の中で最大ではない。その南のニーダーザクセン州の方が多い。もっともそっちの州は面積が三倍近くもあるのに、シュレスヴィッヒ・ホルスタイン州は一五五万五二〇〇kW、ニーダーザクセン州は二四二万六九〇〇kWだから、風車の密度はシュレスヴィッヒ・ホルスタイン州の方が格段に上なのだ。お礼を言って事務所を辞去する。

ベスタスのウインドファームを見学

六日目。六月二七日（金）。

今日はデンマークに本社があるベスタス社の人がフーズムの私のホテルまで迎えに来てくれ、いくつかのウインドファーム（風車地域）を案内してくれる日だ。日本で旧知の商社トーメンの白土崇氏に「ドイツで御社が何か事業を進めている所があったら教えてください」と要望したら、「わが社はドイツでは事業はやっていません。デンマークの会社なら建設事業をやっているので紹介しましょう」と言って、ベスタスの市場調査役の女性を紹介してくれた。

前日までに私の滞在しているホテルにその女性、アネッテ・ゼンケンさんから連絡があり、この日朝、九時一五分にホテルの玄関に行くということだった。

ウェルデンWFは200kWと660kW機が合計70基

九時一〇分ごろから、ホテルの入り口で、ノートに「Ms. Anette Sönksen」と大書して掲げて待った。ちょうどの時刻に彼女は現れた。早速、車に乗り込む。車はガラガラの道を快調に飛ばす。だが、彼女は「今日は金曜だから道が混み合っている」という。東京の道なんか走ったら何と言うか、と思った。

まず、北へ向かった、と思っていた。だが、着いた所はハイデの近くでウェルデンWFだという。地図で教えてもらうとフーズムよりかなり南だった。広い敷地は全面、草っぱら。そこに全部で七〇基の風車が、互いに十分な間隔を空けて立っている。このウェルデンWFはベスタス社が一九九一年から一九九八年に建設したもの。二〇〇kWと六六〇kWが合計七〇基で、総出力は四万kW。下車し、写真を撮りまくる。広い。あくまで広い。そこに多数の風車が並ぶ。とても全容を撮れるものではない。

車の中で話をする。「ドイツでは、村から五〇〇m離さないと風車は建設できない。家からだと三五〇m離すことが義務付けられている」という。

その後、建設中のウインドファームへ行った。ヘムWFという。直径三九mの五〇〇kW風車と、直径五二mの八五〇kW風車を建てていた。

強い風にノートがめくられる。道を歩いていくと大型トレーラーが止まっていた。風車の塔（ポール）の一部を運んで来たものだ。アネッテ・ゼンケンさんによると、これは三〇トンもあるという。

さらに歩いて行くと、建設現場だ。麦が栽培してある畑の中に、傍若無人にコンクリート製の大きな円形の土台があった。そばにもう三枚のブレードが中心部のハブを真ん中に突きさささっているのが麦畑の真ん中に置いてあった。そのそばには超大型のクレーンが立っている。さっき向こうで見たトレーラーが風車の塔を積んだまま、こっちへ向かって来る。いよいよ塔を建てるのだ。だが我々はもう次のウインドファームに向かわなければならない。後ろ髪を引かれる思いで、振り返り振り返り、現場を後にする。

次はラントルムWFだ。ここには一基で何と一六五〇kWもの大型機がある。ローター（羽根）

の直径は六六ｍ、タワーの高さは六〇ｍある。毎秒四ｍの風で回転し始め、一四ｍで定格出力一六五〇kWに達し、二五ｍまで定格出力を出し続ける。二五ｍを超えると停止する。風に応じて毎分九～一九回転する。そばにこの風車のデータが書かれている。タワーの重さは八七トン、ナセル（マシーンハウス）は五五トン、ローター（ブレード）は二三トン。地上三〇ｍの平均風速は毎秒七ｍ。一九九八年四月に完成したとある。写真を撮っていたら、急に雨が降り出した。急いで車に戻る。

「工場に行きましょう」。アネッテ・ゼンケンさんは言って車を発車させた。

ベスタス社のフーズム工場には建屋の外にたくさんのナセルが置いてあった。ほとんどが二〇〇〇kWのもの。「風車本体はほとんど全てデンマークで造ります。そしてドイツに輸送します」と言う。「デンマークで製造、ドイツへ輸出するのですね」と相槌のつもりで言い返す。だが、「いえ、輸出ではありません。輸送です」と言う。ああ、ヨーロッパは今や一つの国なんだ。

そこで、アネッテ・ゼンケンさんの名刺をもらった。強風で横にかしいだ木の写真が入っている名詞だ。どこの木か聞いてみた。スペインだという。

新法で風の弱い南ドイツからの発注が増え、全体では二割増

その後、近くのレストランで昼食をご馳走になった。

「二〇〇一年にはドイツ向けの二〇〇〇kW風車を一三〇基販売しました。小さなものは二七〇基、合計四〇〇基です」と言う。「二〇〇〇年四月の『循環エネルギー促進法』の施行で、風車の発注はどのように変わりましたか」と聞いてみた。「風が弱いとされる南ドイツからの注文が増えました。ドイツ全体では二〇％ほど増えたと思います」とのことだった。「他のメーカーも同じだと思いますか」と尋ねた。だが慎重な彼女は「ほかのメーカーのことは分かりません」と答える。そうか。それはそうだろう。だが、彼女の会社、ベスタス社だけが特別である理由は見当たらない。ベスタス社で起こっている現象はドイツ全体で起きていると考えるのが妥当だろう。

二〇〇〇年四月に施行された「循環エネルギー促進法」の効果は、それほどまでに大きく、他国に比べ、特に風が強くないドイツに、世界の二分の一、欧州の三分の二もの風力発電風車を集中させた。これは驚くべきことだ。

翻って、わが日本だ。政府は規制緩和の名の下に風力発電事業者と電力会社との交渉の場から身を引いた。そのため事業者は電力会社と直接交渉を強いられ、無理難題を押し付けられるばかりでなく、電力会社に入札制度の導入を許し、風力発電事業者に採算ギリギリの価格で応札せざるを得なくなっている。このような状況下で、風力発電事業が拡大するわけがない。

日本政府は今一度、考え直して、「風力発電をはじめとする循環エネルギーは育成・拡大すべきもの」と認識し、そのための施策を実行に移してもらいたい。その良いお手本がドイツにある。

アンドレス・バグネル氏には会えず

時計を見るとちょうど一三時だ。ホテルを後にし、フーズム駅へ向かう。翌朝、ザルツベルゲンのアンドレス・バグネル氏を訪れるため、この日はできるだけザルツベルゲンに近い都市に泊まりたいと考えていた。フーズムから列車を乗り換え、夕方、ラインで下車。ホテルを探す。

翌朝はラインから列車でザルツベルゲンに移動。下車して歩く。さらに一時間歩き、途中乗用車をヒッチハイクして、アンドレス・バグネル氏が勤務しているＧＥウィンドエナジー社に着いた。

受付で自己紹介。危惧したとおりアンドレス・バグネル氏は外国へ出張中で不在だった。代わりに、市場開発マネジャー（東ヨーロッパ担当）のアクセル・ブーレル氏が会ってくれた。まず、「循環エネルギー促進法」の狙いについて聞いた。「海岸で風が強いところだけでなく内陸で風が弱いところにも風車を建設させようという政治的な狙いがあった」という。

このＧＥウィンドエナジーは、この時、海上（オフショワ）用の三六〇〇kWという大型風車の建設を計画し、スペインの内陸でテストを続けている。来年には建設できるだろうと言う。

GEウィンドエナジーは、米国のカリフォルニアとスペインに代理店を置いて販売している。「日本には置かないの」と聞くと、「日本は商売にならない」といわれた。

そのあと、日本への販売担当マネジャーのミハエル・ローダル氏も加わり、日本の電力会社が競争入札制を導入したことで、日本へ販売しにくくなった、という話になった。私が「日本の電力会社は風力発電が嫌いなようだ」と言うと、ローダル氏は「ドイツでも以前はそうだった」と言う。え、そうだったんだ。「いろいろな人々の努力と説得で今は電力会社も風力発電に理解を示すようになった」そうだ。

その後、ブーレル氏の案内で、製造工場を見学させてもらった。だが、工場の入り口の所にカメラの絵にバッテンがついていて、撮影禁止だった。この工場は、ナセルの内部だけ生産している。ブレードとタワーはブラジルで生産しているという。見学していると、一〇〇〇kW用、一五〇〇kW用に混じって、三六〇〇kW用の超大型のブレードを突き刺す回転の中心部（ハブ）が置いてあった。一m八〇cmはあると思われるブーレル氏の二倍は優にある大きさだ。直径は四m近いと思った。

見学が終わり、タクシーを呼んでもらう。ブーレル氏はパンフレットや風車の模型、バッジなど見学者用のグッズを渡してくれた。私は約一年前に出版した『こうして増やせ自然（ソフト）エネルギー』（公人社刊）という本をアンドレス・バグネル氏に渡してほしいと、ブーレル氏にことづけた。アンドレス・バグネル氏が東京・大崎で講演したときの話を書き込んであったの

ドイツの風力発電

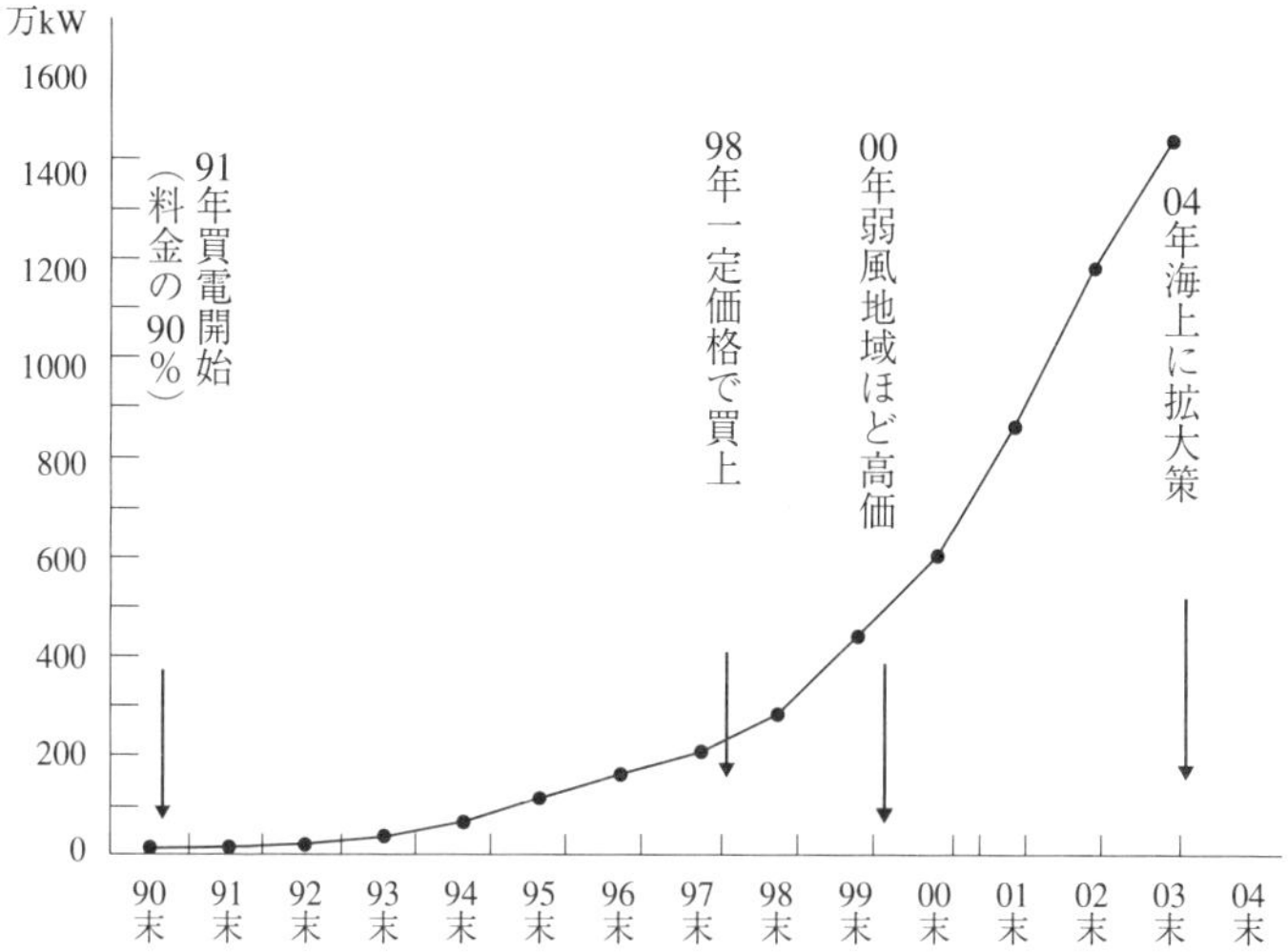

だ。建物の外から写真を撮っていたら、タクシーが来た。

その後は海上に照準

二〇〇四年四月から、ドイツは風力発電に関して新しい段階に突入した。

風車の建設地として海上に照準を決め、海上の、より建設が困難な地点に建設した発電風車からは電力を高い価格で買い上げる期間を長く設定する料金体系、「海上風車建設促進制度」をスタートさせたのだ。

具体的には、風車建設地点を海岸から一二マイル（一マイル＝一八五二m。一二マイルは二二・二㎞）、水深二〇mを基準とする。これ以内の地点に建設された風車からは、一kW時当たり九・一ユーロセント（一二・

三円弱）で一二年間電力を購入する。それより海岸から離れた地点に建設した発電風車で造られた電力は、一マイル遠くなる毎に〇・五カ月間、九・一ユーロセントで買い上げる期間を延長する。また水深が二〇ｍより一ｍ深くなる毎に一・七カ月間、九・一ユーロセントで買う期間を延長する。その後同六・一ユーロセントに引き下げられる。

●試算例①

《海岸から三〇マイル、水深三〇ｍに建設した例》

一二年＋〇・五カ月×（三〇マイル－一二マイル）＋一・七カ月×（三〇ｍ－二〇ｍ）＝一四年と二カ月

この期間九・一ユーロセントで買われ、以降六・一ユーロセントに下がる。

●試算例②

《海岸から五〇マイル、水深四〇ｍに建設した例》

一二年＋〇・五カ月×（五〇マイル－一二マイル）＋一・七カ月×（四〇ｍ－二〇ｍ）＝一六年と五カ月

この期間九・一ユーロセントで買われ、以降六・一ユーロセントに下がる。

陸上に建設した発電風車からは最短五年間一kW時当たり九ユーロセントで買い上げるのに比

べれば、海上に建設した発電風車が優遇されているのが分かる。何しろ最短で一二年間、それも九・一ユーロセントで購入してもらえるのだから。

この「海上風車建設促進制度」にも、二〇〇〇年四月施行の「循環エネルギー促進法」で、風の弱い地域に建てられた風車からは、高価買い上げ期間を長く設定するのと同じ発想が見られる。海上風車でも陸上と同じように、より条件が悪い地域にも発電風車の建設を促そうという考え方だ。先に述べたように、ドイツの発電風車メーカーは今後競って海上に大型風車の建設計画を進めている。それと同時にその行為を後押しする制度がスタートした。今後、ドイツでは海上を主力に大型風車の建設が相次ぎ、発電風車の能力拡充が続くのは間違いない。

数年内に原発分の風力確保するドイツ

日本でデンマーク発行の世界的風力エネルギー雑誌『ウインドパワー・マンスリー』を購読している。その二〇〇四年五月号に「ドイツ海上風車の現実」と題した一文が載った。それを読むと、ドイツの海上風車は今後、急速に拡大、数年後には六三〇〇万kWを超える見込みであることが記述されていた。

ドイツの海上風車建設計画は、すでに当局の設置許可を得ている事業として、事業者プロコンノルト社によるプロジェクトが八〇万〜一〇〇万kW、エネルギーコントア社による事業が一八〇万kWなど六事業がある。それらを合計すると、三五九万二五〇〇kW～三七九万二五〇〇kWの風力発電が建設中である。

その他、設置許可をすでに得ており、当局の聞き取り調査の日程が決まっている事業が、北海にプロコンノルトが施行する事業の一七五〇万kWなど一〇事業で三二〇四万kW、バルト海にはＡＷＥ社が施行する事業の一〇〇万五〇〇〇kWなど五事業で三〇六万kWある。

また、当局の聞き取りを待っている事業が、北海にプラムベク社が施行する事業の一三五〇万kWなど九事業で二五三三万六五〇〇kW、バルト海にもプラムベク社が施行する事業の四一万五〇〇〇kWなど五事業、五六万四三〇〇kWある（図・ドイツの海上風力発電建設計画図参照）。

これら現在明らかになっている事業計画は、いずれも数年後には完成すると見られる。その時にはドイツは海上風車だけで、六三二九万四三〇〇kW～六三四九万六三〇〇kWの発電風車が新たに加わる。すると二〇〇三年末にドイツが保有していた一四六〇万九〇〇〇kWは四倍以上に拡大する。

これらの風車が完成した時は、ドイツは現在保有している二一〇八万七〇〇〇kWの原子力発電を風力発電で代替できることになる。

原子力発電の利用率を七〇％とすると年間発電量は、

二一〇八・七万kW×二四時間×三六五日×〇・七＝一二九三億kW時

風力発電は数年後には、一四六〇万kW＋六二三九万kW＝七七八九万kWになるので、その利用

ドイツの海上風力発電建設計画図

（WINDPOWR MONTHLY MAY2004）

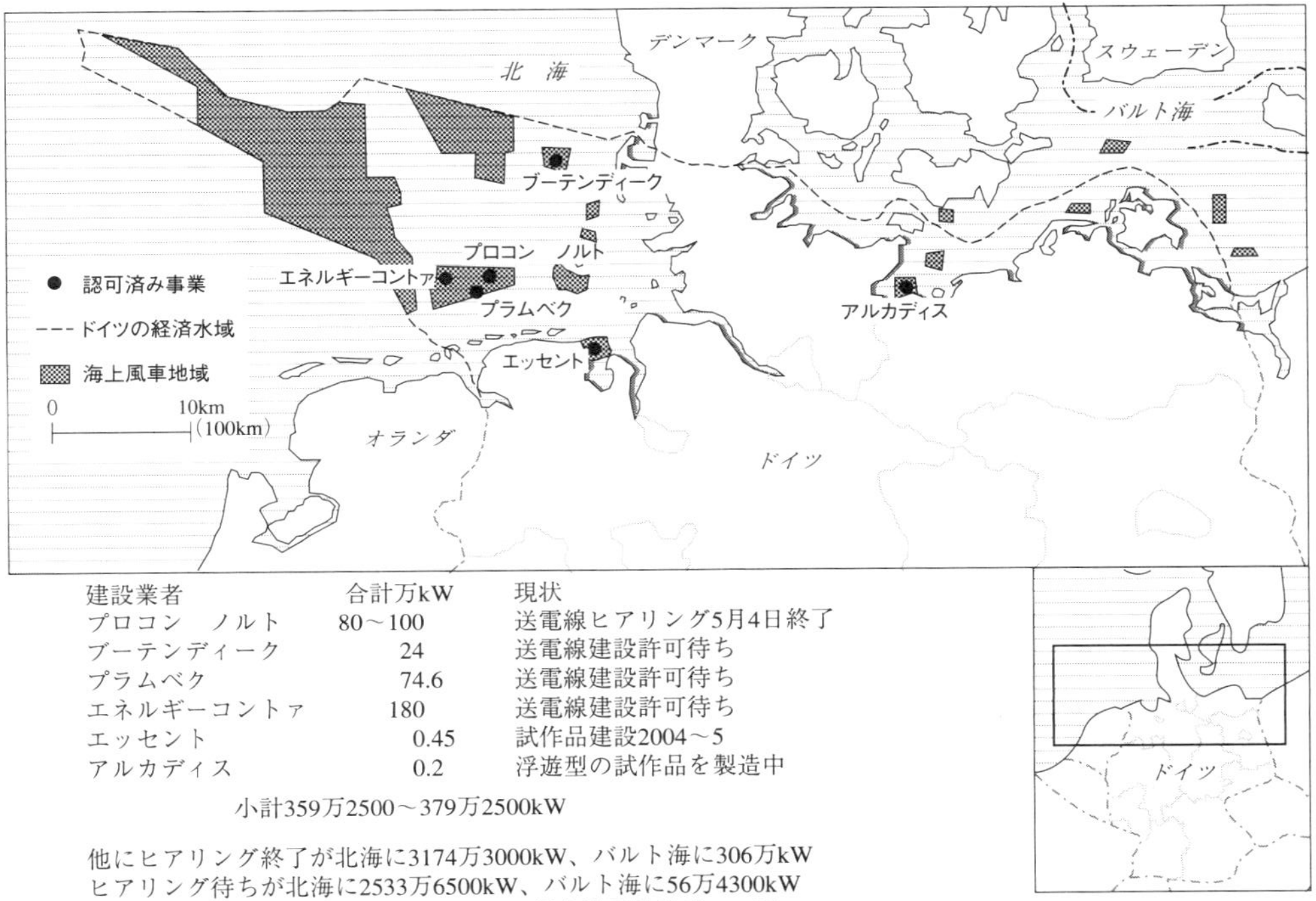

建設業者	合計万kW	現状
プロコン　ノルト	80〜100	送電線ヒアリング5月4日終了
ブーテンディーク	24	送電線建設許可待ち
プラムベク	74.6	送電線建設許可待ち
エネルギーコントァ	180	送電線建設許可待ち
エッセント	0.45	試作品建設2004〜5
アルカディス	0.2	浮遊型の試作品を製造中

小計359万2500〜379万2500kW

他にヒアリング終了が北海に3174万3000kW、バルト海に306万kW
ヒアリング待ちが北海に2533万6500kW、バルト海に56万4300kW
これらが完成する数年後には、ドイツの風力発電施設は8000万kW
近くに増加

率を三〇％とすると、
低い方の七七九〇万三五〇〇kWの場合、
七七九〇万三三〇〇kW×二四時間×三六五日×〇・三＝二〇四七億kW時
高い方の七八一〇万五三〇〇kWの場合、
七九一〇万五三〇〇kW×二四時間×三六五日×〇・三＝二〇五二億kW時
原子力発電で生む電力の実に二倍近い電力を風車が発電することが分かる。
二〇二〇年を目標にしていた脱原発が一〇年以上前倒し出来る事になる。
ドイツでは、クリーンなエネルギーを求めた風力発電が、ダーティーなエネルギーの代表と言われる原子力発電を無用のモノとする日も近い。
ただ問題もある。日本では風車建設事業者の負担とされている送電線の建設が、ドイツでは電力会社の負担となっている。陸上に風車を建設する場合は、送電線を電力供給用の配電線と併用することができるが、海上に建設する風車ではそうは行かない。まったく別の送電線を建設しなければならない。しかも建設地は海岸から遠い。多額の費用が見込まれる。
日本で送電線の建設費を試算したことのある古河電工に計算してもらった。海岸から一〇〇km、水深二〇mの海上に六〇〇〇万kWの発電風車を建設した時の送電線の建設費は、基幹ケーブル建設費が一兆八〇〇〇億円、風車間連係ケーブルが五〇〇〇億円かかる。合計で二兆三〇〇〇億円だ。またその他に、交流で発電した電力を長距離送電する時は、直流に変換して送電する方がロスが少ないとされているので、洋上に交直変換機、昇圧用トランスなどの電力用機器が必要で、この費用も送電線建設費とほぼ同額かかるという。すると電力会社の負担は四兆六〇〇〇億円にものぼる。

事業者の建設認可は下りたのに、当局の聞き取りが遅れている事業が多いのは、この電力会社が送電線建設に二の足を踏んでいるという事情があるようだ。

ドイツでは脱原発は国民の悲願だ。その実現のために風力発電の拡大が必要だ。今後数年間でかかるとされる四兆六〇〇〇億円の一部をドイツ連邦政府は補助することを考えてもいいのではないか。ドイツの風力発電が確固たる地位を築くために実現を提案したい。

第8章　世界最大の一三四〇kWの太陽光をアメルスフォートに見る

太陽光探しには苦労

そもそもオランダのアメルスフォートに太陽光発電設備が多い、ということを知ったのは、NHKテレビからだった。二〇〇一年二月一〇日の夜にNHK第一で放映された「NHKスペシャル・エネルギーシフト第一回・電力革命が始まった・ヨーロッパ市民に選択」で、「オランダのアメルスフォートには太陽光発電設備が多い」という放送があった。ただそのアナウンスが流れた時の映像は、アメルスフォートの中心市街地を写していたが、そこには太陽光パネルは一枚も写っていなかった。私はNHKに電話し、浅井ディレクターと話した。彼は「我々はアメルスフォートには行っていない。現地の人を紹介しよう」と言ってくれた。

オランダ大使館にアメルスフォート市のEメールを教えてもらい、「担当者」あてに、いくつかの質問を送った。質問は、①市民が太陽光発電設備を設置する時に、市はどのような資金的援助をしていますか、②ここ一〇年の市内の太陽光発電設備の増加ぶりを教えて下さい――な

太陽光住宅団地のアメルスフォート取材旅行

どだった。

だがアメルスフォート市からは何の答えも来なかった。ＮＨＫの浅井ディレクターからも結局、現地の人は紹介してもらえなかった。

スペインでの風力発電の取材を終え、オランダに着いた。首都アムステルダムに一泊後、列車でアメルスフォートに着いた。駅を出ると花屋があった。そこで市役所の位置を聞いた。歩いて一五分程だと知ったあと、「アメルスフォートは太陽光の町だよね」と言うと花屋は「あー、そうだ。世界一のね」と答えた。

だが、二〇分近く歩いてたどり着いた市役所で、案内係の女性は、首をかしげる。「太陽光発電設備？そんなものあるかしらね」。隣りにいた男性も首をかしげる。「さー」。

私は少し不安になる。何個所かに電話をかけていた女性が、やがて一人の男性に来てもらった。その男性は、「太陽光発電設備なら、市北部のニュータウンにある」と教えてくれた。しかも市のインフォメーションセンターに連れていってくれ、必要な情報がここで得られる、という。インフォメーションセンターでは、私が訪れるべき事務所をコンピューターで打ち出してくれた。教わったバス一五番に乗る。三〇分程で先ごろ完成したばかりというニュータウン「ニューランド」に着いた。

ニュータウンに太陽光

アメルスフォートニュータウンの管理事務所にいた女性は、「はい、ここは管理事務所です。だけど今は担当者がいません。あと二時間後に来ます」と言った。私は荷物を預かってもらい、周囲の太陽光発電施設を見て回った。まず、事務所の向かい側にあったのは体育館。中には二四m×四四mのコートと観客二〇〇人が観戦できる観客席がある。そこにいた人に聞くと、ここではバレーボール、サッカー、バスケットボールが出来るという。

屋根の上には、南の方向を向いて五つの出っ張りが三六度の角度で並び、それぞれ太陽光パネルをつけている。パネルは八つずつ七八列あり、当たる太陽エネルギーの九五%を捕らえ、電気エネルギーに変えるという。太陽光パネルの面積は、通常のものが四〇九平方m、半透明のものが九七平方mあり、発電能力は四二・五kWもある。年間発電量は三万五〇〇〇kW時にな

体育館の上には五つの出っ張りがあり、それぞれ36度の角度にパネルが取り付けられてある

るという。さらに体育館の外側には自転車を停める駐輪場があり、その上には一〇㎝×一〇㎝ほどの太陽光パネルが程よい間隔で並んでいる屋根が設置されている。ここでも発電しているようだ。隣りにあった幼稚園では数人の園児が遊んでいた。そこにも屋根の上に太陽光パネルが設置されていた。ここのパネルの面積は六五平方ｍで、年間六五〇〇kW時の電力を生むという。

さらに歩いて行くと次にあったのは小学校。五つの大きな建物が、互いに低い建造物でつながっており、大きな建物の南向きの屋根の上には、それぞれ二つずつの太陽光パネルが組み込まれている。一つの太陽光パネルは三〇平方ｍだから、この小学校の全パネル面積は三〇〇平方ｍにもなる。

もっと歩いて行くと、住宅群があり、そ

の上にもたくさんの太陽光パネルが乗っている。住宅の建物は大部分が三階建て。連なる住宅棟にズラリと太陽光パネルが設置されている。道路の上にも両側の住宅から伸びた金属製の囲いの上に半透明の太陽光パネルが設置されている。角度は一八度。半透明と言うのは、一〇cm角のソーラーセルが相互に二cmの隙間を空けて設置してあるため、太陽光の三〇%が透過するためだ。

次の住宅棟は、南側に屋根を垂直に近い七〇度ほどの角度で設置してある。その住宅棟が、

体育館の正面。入口の上にも太陽光パネル

学校の屋根。組み込み式のパネル

住宅の屋根。組み込み型のパネル

左右に連続して数棟ずつ並んでいる。その前で子どもが数人遊んでいた。南側に垂直に太陽光パネルを設置してある家もあった。水路を挟んで十数棟ずつ並ぶ様は、壮観としか言いようがない。ここオランダのアメルスフォート市の緯度は、北緯五二度。パネルの角度が水平に対し五二度なら、太陽と真正面から向き合うが、垂直でもそれほど問題はない。むしろ、水平より好都合なのだ。

曖昧な担当者

やがて、担当者が事務所に来る、という時間になった。事務所を訪問する。デミトリ・ヴァ

通路の上のパネル。下から見ると10㎝角のセルがすきまを持って設置されている。

パネル下で遊ぶ子供たち

ン・デント氏が出迎えてくれた。だが、彼は太陽光発電システムについてほとんど何も知らなかった。一九九〇年にニュータウンの建設を開始、現在ほぼ建設は終了。各家庭と市が所有するスポーツランドなどで太陽光パネルで発電、電力会社に売電していること位は聞けたものの、例えば私の「これらの太陽光発電システムは、単結晶型ですか多結晶型ですか、それとも非結晶型ですか」という質問には首を振るし、「パネルのメーカーはどこですか」とたずねても、はっきりとした答はなかった。

困っていると、後から来た女性のエレン・エンジェルマンさんが、「太陽光発電のことならニュータウンにいい人が住んでいるからたずねたら」と言い、ニュータウンの地図にマークしてくれた。

パネルメーカーのコンサルに話を聞く

早速、訪れてみた。その家は南向きに大きな太陽光パネルを設置して、全身で太陽光のエネルギーを受け止めているような家だった。「エネルギー自給の家」と呼ばれている。

呼び鈴を押すと、その家の主人、オランダのソーラーパネルの建設会社、REMUのコンサルタント、H・A・エイジペ氏が出てきた。すぐに家の中に招き入れられる。

「私がこのニュータウン、ニューランドに引っ越してきたのは一九九八年のことです。二〇km

離れたハウズンという町から来ました。その時はすでにこのニューランドの太陽光発電施設はほぼ五〇%が完成していました。太陽光発電施設は一九九六年に建設開始、初めはレンタル住宅用でした。一九九八年から売り家用に着手され、結局、二〇〇一年の完成まで五年間かかりました」

「使ったパネルは我々のＲＥＭＵ製で、一平方ｍが一年間で七〇～八〇kW時を発電します。パネルの型は多結晶型です。光電変換効率は一〇～一一%です」

水平面に対し70度ほどで設置したパネル

垂直に設けられたものも

角度を変えられるパネル

パネルメーカー、REMUのコンサルタント、エイジペ氏の家には大きなパネルが屋根と一体化。

「建設費用も、最初の一九九六年には一平方m当たり二〇〇〇ギルダー（一三万円）かかったが、二〇〇〇年には一四〇〇ギルダー（九万一〇〇〇円）と安くなりました」

「ニューランドには全体で六三〇〇家族、一万五〇〇〇人が住んでいますが、そのうち太陽光発電装置を使っているのは五〇〇家族、一五〇〇人です。太陽光を使っている人々は皆一様に満足しています」

「総発電能力は一三四〇kWで、これはそれまでの世界最大だったオーストラリア・シドニーのオリンピック施設の一〇〇〇kWを抜いて世界最大です」

「太陽光発電施設を利用している五〇〇家族のうち、初めに建設した貸し家の二五〇家族の分のパネルはREMUが所有している。その分の建設費、一四億ギルダーは、半分をR

ＥＭＵが出し、残りをＮＯＶＥＭ（オランダ・エネルギー・環境組織）とＥＣが出した。後半に建設した残りの持ち家の二五〇家族の建設費は、五〇％をＮＯＶＥＭとＥＣが出し、二五％をＲＥＭＵが、二五％をそこに住む住民が出した。パネルなどの太陽光発電施設の所有権は住民に属しています」

エイジペ氏の家も屋根の上に大きな太陽光パネルを乗せている。彼はその操作室に招き入れ、操作のコンピューターの表示版を出して見せてくれた。しばらく太陽光パネルの活躍ぶりを表示板を通じて観察する。お礼を言ってエイジペ氏の家を辞去する。

翌日に再訪

翌日は朝早くアメルスフォート駅の近くから、再び一五番のバスに乗る。三〇分ほどで、ニューランドに着く。ぶらぶら歩いてエイジペ氏の「エネルギー自給の家」に着く。呼び鈴を押すが誰も出てこない。困っていると、自動車が来て、夫婦が降り、家の北側に回る。しばらくして、再び南側に戻って来たところで声をかけた。

「すいません。私は日本の新聞記者です」。アメルスフォート市の太陽光発電の取材に来ていることを告げ、ここはあなたの家か、とたずねる。

「そうです。ここは私の家です」という。その人はバン・ジエテン氏といい、建築家で、日本にもたびたび来たことがあるという。良く見るとこの住宅棟は左右に二つに別れており、前日訪れたエイジペ氏の家は右側、今合ったジエテン氏の家は左側だ。

ジエテン氏はこの時はまだこの家には住んでおらず、来週引っ越してくる、ということだった。家の中に入ってみると、中はがらんどう。屋根に乗った一〇㎝角の太陽光パネルの隙間から太陽の光が差し込みきれいな模様を床に落としている。ジエテン氏は同行の妻と二人の子どもを持つ、私と同じ五三歳。パネルなどの太陽光発電施設は現在、REMUに属しており、日本を初め世界中から見学者が訪れるデモンストレーション期間の三年を含め一〇年が過ぎると、一ギルダーでジエテン氏が買い取る契約になっているという。

そのあとエイジペ氏の家、といってもすぐとなりなのだが、を訪れる。前日と同じようににこやかに迎えてくれたエイジペ氏に、両家の太陽光発電システムについて教えてもらう。両家の屋根の上にはそれぞれ、シェルソーラーシステム製の七五Wパネルが一二〇とダブルガラスの五〇Wパネルが二四ある。発電能力は七五×一二〇＋五〇×二四＝一〇二〇〇W＝一〇・二kW。

また各家庭には、一・八kWのインバーターが五つあり、一・八×五＝九kWの能力を持つ。インバーターは太陽光パネルで発電した直流の電力を利用する電気機器が使う交流に変換する装置だ。だから隣接する両家の太陽光による発電能力は一〇・二×二＝二〇・四kW。インバーターの能力は九×二＝一八kWとなるという。

●ミニ知識●語句説明

パネル　太陽光から電気エネルギーを取り出すもの。単結晶型、多結晶型、非結晶型（アモルファス）などがある。

コントローラー　発電した電力の波形などを整える装置。

インバーター　発電した直流の電気を使用する交流に変換する装置。

蓄電池　発電した電力を蓄えておくバッテリー。電力会社の送電線が無い地域で使う。

単結晶型　太陽電池の代表的なもの。歴史もあり、構造や製法も確立され、実績もあり、信頼性も高い。光電変換効率は最高二四％（通常一〇～一八％）と高い。欠点は製造工程が複雑で価格が高いこと。

多結晶型　製造コストが安く太陽電池の中では普及している。見た目が、アモルファス（電卓など）や単結晶型は整然とセル（ソーラー発電部分。一般に濃紺色）が並んでいるのに対し、セルがいろいろな方向に向いている物が多い。いろいろな製品に組み込まれているため実績があり、価格が安く幅広く支持されている。光電変換効率は最高一七％（通常一一～一四％）。

アモルファス（非結晶型）　電卓や腕時計に普及している。見た目がきれいで光電変換効率は最高一二％（通常六〜一〇％）と低いが、応用のしやすさ、将来的な低価格化の可能性から注目される。単結晶型と多結晶型が、パネルの一部を遮ることや熱により、発電効果が落ちてしまう欠点があるのに対し、熱に強く遮ることによる発電効率の低下も少なく応用性にとんでいる。

なるほど、このニュータウン、「ニューランド」なら太陽光による「エネルギー自給の家」として、世界に情報発信できるに違いない。日本をはじめ世界から訪れる見学客を十分満足させられることだろう、と思った。

広告にも利用される

日本には太陽光発電システムで大きいものといえば、沖縄・宮古島にあった七五〇kWのものが最大だ。だがそれは海岸にただ七五〇kWの太陽光パネルが並んでいるだけ。宮古島の送電線の系統に送られ、後方の集落の人々の生活に役立っているが、太陽光パネルとそれを消費する所が離れていて、今一つ実感がわかない。日本は世界で最も太陽光発電施設が多い国である。だが、その日本には太陽光発電を象徴する施設は無く、ここオランダのアメルスフォートにはある。

日本人として何か納得できないような気持を感じつつ、アメルスフォートを後にした。日本に帰ってから、週刊誌の広告にアメルスフォートの太陽光発電が利用されているのを見た。トヨタ自動車の環境に良いことを売り物にしている「プリウス」の広告だ。環境に良い、と言っても、プリウスは、大気汚染を他の自動車の半分しか出さない、というだけで、大気を汚染していることには変わりはない。だが環境に良い、というイメージを造ろうとする時に、アメルスフォートが使われるのは、悪い気はしない。世界最大の太陽光発電の施設所有国である日本にこそ、アメルスフォートのニュータウンにあるような太陽光発電のショールームがあって欲しいと思った。

第9章　インドネシアへ太陽光発電施設贈る日本のNGO

カンパンベル村へ

セレベス島のウジュンパンダン。その空港からほど近いローカルNGO、ヤヤサン・マテペの事務所を出たのは朝一〇時。初めは舗装してあった道も、やがてその舗装も無くなり、車は水たまりと穴をよけながらゆっくりと進む。中間の目的地、バリガンに着いたのは走り出してから二時間強だった。近くにあった民家に上がりホッとしたころ、急に雨が降ってきた。それも豪雨だ。あたりの地面は一瞬のうちに水面と化す。

さしもの豪雨も一段落。雨はやや小降りになった。「さあ、そろそろ出発だ」。ジャワ島からきたインドネシアNGOのリーダーともいわれるファビー氏が言う。ここからは自分の足だけが頼りの歩行だ。スタート時間は三時。

目的地、カンパンベル村に着いたのは午後五時一〇分。二時間一〇分の強行軍だった。早速、宿泊先のポナ氏の住居兼地域の集会場兼ゲストハウスに入り、一息つく。

インドネシア・シュワレシ島取材旅行

前年の三月に設置

ここカンパンベル村に太陽光発電施設が設置されたのは、ローカルＮＧＯヤヤサン・マテペのリーダー、ソレマン・カリブ氏がポナ氏を知っていたことによる。ポナ氏はここカンパンベル村を開発した地域のリーダーである上、教会のリーダーでもある。ソレマン・カリブ氏はポナ氏を教会を通じて知っていた。

一方、日本のソーラー・ネットの桜井薫氏にインドネシアで太陽光発電施設の設置適地を探すよう求められていたファビー氏は、ソレマン・カリブ氏と一九九九年六月に会う。カンパンベル村は、将来的にも電力の送電線が建設される可能性は低く、太陽光発電施設を建設する適地だと判断し、地域リーダーでもあるポナ氏

太陽光パネル（24W）を持つファビー氏（左）とソレマン・カリブ氏（ウジュンパンダンのヤヤサン・マテペ事務所で）

新規設置作業出発前。木枠にパネルを取り付けるハリー氏とカリブ氏(右)

を通せば建設しやすいと考えた。一カ月の事前調査の後、パネル、コントローラー、インバーター、蓄電池、蛍光灯からなる太陽光発電施設が設置されたのは、二〇〇〇年三月。村の一一カ所に設置した。一つの住宅には、二四Wパネル二つがセットされた四八W分のソーラーパネル、蓄電池とコントローラー、インバーター、そして一個一〇W（長さ三六cm）の蛍光灯が三個設置された。

宿泊先のポナ氏の住居には、太陽光で働く白黒テレビが一台ある。毎晩八時ごろになると集落の人々はそのテレビを見に三々五々集まって来る。その数は二〇人から三〇人になり、さして広くないこの家はいっぱいになる。この日はわれわれが訪れることが知られていたためか、いつもよりは少なかったという。が、十数人はいた。

農民の家に太陽光を設置

朝八時ごろから、四人の設置グループは、取り付ける部品の最終的な組み立てに取りかかる。すでにジャワ島のサラティガにあるＮＧＯ、グニの事務所で成形ずみの太陽光パネル（横四二cm、

太陽光の所有者になるサラ氏（中央）が柱を取り付ける

サラ氏は農民と木工家を兼ねるというだけあって器用だ

縦五一㎝、出力二四W）二枚を、ウジュンパンダンのヤヤサン・マテペの事務所で作った木製のワクに、それぞれ四本の長いビスとナットで固定していく。この合計四八Wの太陽光パネルと、縦二〇㎝、横六㎝ほどのコントローラー、インバーターと長さ三六㎝の蛍光灯が三本、それにやや太めの電線が設置に必要な「部品」だ。

食事を終え、いよいよ新しい太陽光発電施設の設置作業に取りかかる。この日、設置するのは、宿泊したポナ氏の住宅から、教会と小道を隔てた次の家、ダエン・サラ氏の住宅だ。サラ氏の家に着くと、サラ氏は数mの木の柱を持ち出し、それに木製のワクにセットされた太陽光パネルを数本の長い釘で打ち付ける。四人の設置グループは、彼を手助けしつつ、見守る。太陽光施設の利用者に設置作業に関わらせるのも重要なことなのだ。

次にサラ氏は、高床式の住宅の南側の床下の地面をスコップで掘りだした。太陽光パネルをセットした木の柱をそこに立てるのだ。住宅の木製の外壁にも木の板を釘で打ち付ける。

だが、この住宅、きちんと南北を向いていない。二〇度ほどずれている。そこで木製の家に打ち付けた板にそのまま木の柱を固定すると、太陽の方向（この場合真北）を正しく向かない。だから二〇度ほど向きをずらす必要がある。木製の板と柱の間に木の小片をかませて方向を調節したのは私のアイデア。ツルでぐるぐる巻きに固定した。

太陽のエネルギーを確実に捉えるのにはパネルの向きを太陽光に正対するのが良い。緯度の

利用者サラ氏による点灯式

高い地域では緯度より少し大きい角度に傾けるのが良いとする説もある。パネルからの配線は、隙間だらけの家の壁の間を通す。後は家のなかに入って電線を通す。

この住宅はパネルをセットした南側に部屋があり、その北側にも別な部屋が、その奥の調理場に続いている。バッテリーとコントローラーは北側の部屋に置かれる。まず、パネルからバッテリーに向け配線される。ファビー氏がコントロールボックスを組み立て、エコ氏がバッテリーを電源にしてヒューズをハンダ付け、ハリー氏はコントロールボックスに穴を開け何か小さな部品を取り付けている。全員が淡々とどこか楽しげに作業をすすめる。

ファビー氏が事情を話してくれた。ここの住民、サラ氏は農民であると同時に家具職人だ。昼間は田んぼで稲をつくる。田んぼから帰って家具をつくろうとしても、すぐに暗くなって作業が進まない。夜に木工作業をすすめるために是非とも欲しいのが夜間の明かりだった。サラ氏は子供が六人の八人家族。家族の生活もこの太陽光設置で一変することだろう。

部屋の中の配線作業が進み、長さ三六㎝の蛍光灯も、居間と台所、それに木工の作業場の三カ所に設置された。サラ氏による点灯セレモニーが行われたのは午後一時。作業開始から三時間半たっていた。

作業のあとは決まって食事。この地域でハレの料理のチキンカレーと野菜カレー。定番ともいえるメニューだが、これがなかなかうまい。単なるレポーターで、何の作業もしなかった私もしっかり御馳走になった。

そのあとファビー氏はサラ氏に太陽光施設の使い方とメンテナンスの仕方を教える。だがファビー氏はものの一〇分ほどで止め、ハリー氏が交代して説明を始める。実はインドネシア語の標準語しか話せないファビー氏では、この地域から出たことがないサラ氏に充分な説明ができない。そこで少なくとも同じ島に住むハリー氏が交代したということのようだ。だからインドネシアの標準語で太陽光設備の正しい利用法を書いた指導書を書いてもそれは意味をなさない。だいたい読み書きが出来ない人が大部分なのだ。

インドネシアの僻地ともいえる地方で新しい技術を普及することの困難さの一端を見た気がした。

「太陽光は使い勝手が悪い」

サラ氏の家の前で関係者全員で記念撮影し、パネルを振り返りつつ、家を辞去する。宿泊先のポナ氏の住居の方に向かって歩き、木造の教会の脇を通ると、中で十数人が何やら話している。カリブ氏とポナ氏の顔も見えた。

入ってみると、前のテーブルを囲むようにカリブ氏とポナ氏と女性を含むあと二人。残りの一〇人以上は固まって座っている。ファビー氏に聞くとそれらの人々は、この地域で前年来、太陽光発電設備を設置したオーナーだという。侃々諤々《かんかんがくがく》の議論は全てインドネシア語だから、私には全く分からない。ファビー氏によると、太陽光設備のオーナーに言わせると、「太陽光は安全だが使い勝手が悪い」。「使い勝手が悪い」とは、「配線を自由に変更しにくい」という意味なのだという。私はその前日訪れた歩いて一時間強のところにあるボロンブロー村に設置された太陽光施設のことを思い出していた。

前日は七時前に起きた。この村にはトイレはないので、ティッシュペーパーを片手に近くの川に行く。朝飯の後、九時半ごろポナ氏の家を出る。一緒に歩くのはポナ氏、ファビー氏、エコ氏、ハリー氏、それにオベール氏の合計六人。歩いたのは土の上に草が生えた割と平坦な道だが、前日からの雨でぬかるみ、歩きにくいことこのうえない。ボロンブロー村に着いたのは一〇時五〇分ごろ。最初の家ではオーナーが勝手に配線を変えて、蛍光灯が点かなくなっていた。コントローラーも壊れていた。ここもカンペンベル村と同時期、つまり前年の三月に太陽光施設を設置した。それから一年足らずの間に配線を変更して、システムを壊していたのだ。コントローラーを取り替え、配線をやり直す作業をファビー氏、エコ氏、ハリー氏、オベール氏の四人で進め、一時間ほどで終わった。

次はとある農家に新規に太陽光施設を設置しようと訪れたのだが、その家は全員が離れた田んぼに行っていて、工事にとりかかれなかった。「日曜でないとダメなんだ」とファビー氏。

その次に訪れた家も勝手に配線を変えていた。四人の修理は淡々と進む。やはり一時間以上かかって修理は終わる。この修理代は徴収しない。だが修理が終わるとお礼の食事が出る。この日も麺、メシ、鶏の唐揚げ、カレーなどの食事を堪能させてもらった。

ファビー氏によると、六月か七月にここいらの住民を対象に太陽光施設の使い方の講習会をウジュンパンダンのヤヤサン・マテペの事務所で開きたいとの考えを持っている。一週間ほど習わせて帰せば、その後も問題は起きにくいだろうという。

食事が終わって一息ついていると、別の太陽光利用者から〝お呼び〟がかかった。「ぜひ来てくれ」という。行くと、まずコーヒーが出てきた。ゆっくりそれを飲む。しばらくするとこんどは食事が出てきた。我々一同は笑ってしまった。こういう時断るのは相当にまずい。嬉しそうに食べなければならないという。なぜかつらいインドネシアの習慣だ。

毎月五千ルピーを徴収

ところで、太陽光施設はどのようにして製造しているのだろうか。日本のNGO、ソーラーネット（桜井薫氏代表）が昭和シェルから買った二四W分のソーラーパネルを二つ（四八W分）、バッテリー、コントローラー、インバーター、一〇Wの蛍光灯三本を、一セット五万円で購入、インドネシアのNGO、グニ（代表はファビー氏）に送っていた。

だが最近は送るのはソーラーパネルの部品ともいえるセル（縦五・五㎝、横一〇㎝）だけで、それをジャワ島のグニで三四枚組み合わせて、一日がかりで一枚のパネルに成形するほか、コントローラーとインバーターもグニで製造するようになった。

ソーラーネットが購入する資金は日本の環境庁の外郭団体の環境事業団が扱う「地球環境基金」から出ている。ソーラーネットは地球環境基金から、一九九九年度は五〇〇万円、二〇〇〇年度は五五〇万円を支給されている。五五〇万円は購入費と送料合わせて五〇セット分に当たる。

日本から太陽光施設を贈られたグニは、インドネシアのローカルNGO（例えばシュワレシ島のヤヤサン・マテペ）と連絡を取り、太陽光施設の設置場所を決め、設置する。これまでイリアンジャヤに二〇セット、シュワレシ島に一五セット設置されている。

太陽光施設の利用者からは一カ月に五千ルピア（六八円）を徴収している。彼らの収入が同一〇万～一五万ルピア（一三七〇～二〇五五円）程度なので仕方がない額なのだ。ファビー氏は彼らの現金収入が少ないことから、近い将来、利用料を一カ月にニワトリ二羽か米一〇～一五kgの現物支払いに変更することを検討しているという。ニワトリ二羽なら、ウジュンパンダンでは三万～四万ルピアになるという。

桜井氏がインドネシアに太陽光を設置した理由

埼玉県小川町に住み、世界の未電化の村落を太陽光パネルで電化しようという運動を展開している桜井氏は、一九九四年三月にインドネシアに日本から原発が輸出されそうだという話を聞く。インドネシアには一万三七〇〇もの島がある。国のどこかに原発を建てても、その電力を送るのが大変だし、第一原発なんてない方がいい。そう思った桜井氏は太陽電池を持ってインドネシアを訪問した。そして携帯用の明かりのシステムの作成講習を行った。

そもそもインドネシアは電化率が低い。多くの島で構成されている上に山がちの国土だ。インドネシアで電化されているのは、大都市周辺が中心で、山間部や島嶼ではランプ生活が中心。全土の電化率（面積）一二・六％に過ぎない（一九八九年当時の数字。現在はもう少し高いと思われる。桜井氏は「五〇％近くまで伸びているのではないか」と言っている。現在ファビー氏に問い合わせ中）。

それだけに太陽光発電設備が活躍する余地が大きいのだ。

一九九五年ごろ、技術移転の対象をインドネシアのグニというＮＧＯに絞り、相互交流が始まる。九六年には桜井氏と石川氏がインドネシアを訪問。九七年にはグニのファビー氏とエコ氏が来日、昭和シェル佐久工場で太陽電池の組み立て、日本工業大学でコントローラー、インバーターの周辺機器の研修を受ける。

九八年までは日本からの一方的な援助だったが、九九年からはインドネシア側が主体的にプロジェクトを組み進めるようになった。周辺機器もインドネシア製だし、パネルも組み立てる。日本からはパネルの材料ともいえるセルを送るだけ。あとはグニが独自に決めた設置場所に建設している。今後の設置計画について、ファビー氏によると、資金的な裏付けが欲しいという。そこで、二〇〇一年の夏に日本に来て、企業に援助を求める「ソーラー・ペアレンツ・プロジェクト」に取り組んだ。

私は、インドネシアの政府の援助はどうなのだ、と思う。インドネシア政府に「原発より太陽光」という方針に転換させることが重要だと思う。そのためには一ルピアでも政府の金を出させることが大事だと思う。そうファビー氏に言ったら、「政府はだめだ。金がない」と言う。「いや、額の大小は問題じゃない。少しでも出させて、政府の姿勢を正すことが求められている」と説明した。いずれにしてもファビー氏はグニという組織で、これからもインドネシアの各地に太陽光施設を普及させていくことだろう。

その前は東チモール

バリ島のデンパサールからディリまでは三時間半のフライト。締め切られて風がソヨとも吹かないディリの通関待合室に着く。待合室を出ると強烈な南国の日射しと「タクシー」「タクシー」の声が襲いかかってくる。その間をくぐり抜けて、芝生の上にリュックサックを下ろし、ノートにペンで「シスター・ルルデス」と大書した。シスター・ルルデスの運転手が、私を迎えに来てくれることになっていたからだ。だが、その作業は完成しなかった。「シスター・ルル」まで書いた時、男が近づき「ミスター・イダ?」。ドミンゴ氏だった。

車はディリの街並みを抜けるとすぐ山道を上りだす。途中までは人家も送電線もあった。だが次第にそれも見えなくなり、道路の舗装も終わる。道はやがて細く険しくなっていく。二時間走ってやっと停車。そこから少し歩いたところが、シスター・ルルデスの住居兼教会兼集会場だ。入って行くとシスター・ルルデスが満面に笑みを浮かべて出迎えてくれた。三八歳だと言うが、若々しい姿だ。この建物は近所の子供達を収容して育てる機能を持つ。この時は三五人の子供たちが同居していた。その他、シスター・ルルデスは職業訓練校として、農業、刺繍などの手作業を女性達に教えており、前年の三月にはマレーシアなどから二〇人近く集めて国際的な職業訓練も一カ月間実施した。

桜井氏がセットした太陽光施設を見る

夜半からの雨も上がり、翌日の朝は久しぶりに太陽が顔を見せた。八時半の朝飯のあとドミンゴ氏に頼み、屋根の上のパネルを見せてもらうことにした。屋根は薄っぺらいトタン板。そこにハシゴをかけてくれた。

「ヨイショ」と足をあげ、両手に力をいれて体を引き上げる。すぐに屋根の上まで着いた。ドミンゴ氏ともう一人が一緒に上ってくれた。そこには、屋根の北側にオーストラリア製四五〇Ｗと日本製六〇〇Ｗの二つのパネルが並んでいた。オーストラリアのＮＧＯが前年二〇〇〇年の夏に設置、同時にガソリンを燃料に使う発電機も据え付けていった。これはこのパネルが乗った母家の電力を賄っている。母家の消費電力は、長さ六〇㎝の蛍光灯（消費電力三〇Ｗ）が一一と小さい電球（同一八Ｗ）が八つ。

一方の日本製は前年の一二月に桜井氏とファビー氏が取り付けたもの。これで生み出した電力は、一旦はこの母家の南側に置かれた六つの石川電工製ＥＢ一〇〇というバッテリーにたくわえたあと、母家の北側、少し下に位置するトレーニングセンターの電源として使われている。その建物には、六〇㎝の蛍光灯（同三〇Ｗ）が二本と小さい電球（同一八Ｗ）が一一。

屋根の上からは、はるかにディリの街が遠望できる。二つのパネルを入れディリの街も入れて何枚も写真を撮った。

この日本製の太陽光施設は全部で二〇〇万円かかった。日本人有志の寄付でその四分の一、埼玉県の補助が同額、残りをソーラーネットが賄った。

「オーストラリア製はダメ」

私が日本人だからだろうか。「オーストラリア製はダメだ」という声を多く聞いた。「発電力が弱く、すぐ電力がなくなるので、毎日のように発電機を動かさなければならない」という。実際、その日も夕方の七時ごろに点灯したが八時ごろにはバッテリーが上がり、発電機のお世話になった。もっともこの日は昼過ぎから豪雨が降り、充分発電出来なかったようだが。

シスター・ルルデスによると、「一日平均五ℓのガソリンを消費する」という。ガソリンの値段は一ℓ四二五〇ルピア（五八円）だというから、バカに出来ない額だ。

だが私は思う。発電能力が劣ると思われているオーストラリア製を母家の方に使って、能率のいいとした日本製をあまり利用しないトレーニングセンターの方に使っているのがまずいのだ。恐らくこれは、設置した順序によるものだろう。まずオーストラリア製が前年の夏に優先順位の高い母家に取り付けられ、次いでそのあと日本製がトレーニングセンターに設置された。その時、日本製の方が性能が良いと分かっていたら、日本製を母家の方に付け替えていただろ

屋根の上のパネル。左が日本製。右が豪州製

向こうに見えるのはディリの街

う。

ともかく前年、太陽光施設が設置されて以来、ここイスマイク修道女本部は、夜日が落ちてからでも、お祈りや食事が不自由なく行えるようになった。彼ら彼女らの生活は一変したのだ。桜井氏が狙った目的は完全に遂げられたと言えるだろう。

第10章　アフリカで太陽光電化を見る

モロッコのCDER訪問

マラケシュの事務所でモロッコ政府のエネルギー研究機関CDERのモハメッド・バクリ運営局長に会ったのが、日本を出て五日目の一一月二〇日。バクリ氏はまずCDERとは何かから話してくれた。

CDERとはエネルギー開発センターという意味のフランス語で、モロッコ政府の研究機関として一九八二年に発足している。最初はフランスとドイツの資金援助と日本の技術協力で研究を開始。太陽光発電に関しては一九八八年にドイツの二つのNGO（非政府組織）が援助を開始して始まった。現在は二〇社ほどの民間の設置会社が、国民の要望に対して有料で設置作業をしている。設置するパネルは日本製、フランス製、米国製、ドイツ製、イタリア製、スイス製を使い、バッテリーはモロッコ国産のほか、日欧や韓国から輸入しているという。

利用者からは設置時に一〇〇米ドルを徴収、その後毎月六米ドルずつを一〇年間集める。その後は設置した会社の負担でメンテナンスを行う。近年は製造コストの低下でこの徴収でペイできるという。なお、毎月集める六米ドルは、何年かに一回交換するバッテリー代になる。

太陽光発電システムは一基五〇W規模のものが現在六万基ほどある。これを二〇一〇年には三〇万基に増やし、全国民を電化するのが目標だという。

モロッコ南部の沙漠地帯では、オアシスごとに集落があり、オアシス相互は数十kmから時には数百kmも離れている。どこかに大規模な発電施設を作り、送電線を使って送電するのは送電線の費用ばかりかかって不経済だ。発電した場所で電力を消費する太陽光発電が最も適した技術だと、バクリ氏は言う。

電化作業を取材

近年、バクリ氏はマラケシュ近郊のハッド・ミナバル村で太陽光電化作業を進めている。これまでに、六四の個人住宅を電化、五二〇人の住民に夜の光を与え、八つの街灯、学校、モスクなど公共施設に取り付け終わったと言ったあと、「実は今日も一戸の電化作業が進められているのです」と言う。私は「そこへは行けませんか」と聞いてみた。バクリ氏は、「そう言うと思っていました。車と運転手を用意してあります」といってくれた。

ハッド・ミナバル村はモロッコ第二の都市、マラケシュの北五〇kmにある。私と説明役兼運転手のバラミ氏は、北へ伸びる道路を行き西へ曲がればサフィへ行く交差点を逆に東へ曲がる。そこから約一〇km、道なき道を四輪駆動車で、それまでの五〇kmと同じ位の時間をかけて、スタックを繰り返しながら進む。ハッド・ミナバル村に着いたのは、CDERを出て約二時間後の正午近かった。

早速、太陽光施設取付中のモハメッド・ベラダ氏の家に行く。そこではCDERから派遣さ

モロッコのマラケシュ近郊のハッド・ミナバル村での太陽光パネル設置作業

れた技術者、ラーセン・ヘンダーマン氏と地元のローカル技術者のファッタ・ムナブ氏が、今まさに太陽光のパネルを屋上に取り付けている所だった。パネルの能力は六〇W。パネルは縦四〇cm、横六〇cmほどでアモルファスのようだ。パネルの角度は、この地域の緯度の約三二度で南を向いており、太陽光を正面から受け止めようとしている。

パネルを設置した二人の技術者は、次にバッテリーやコントローラーの配線に移る。その後は室内の配線だ。蛍光灯やテレビ用のコンセントも付けられる。隣接した牛小屋にも蛍光灯が設置される。乳搾りなどの作業をし易くするためだろう。二人の作業は迅速ですばやく進んでいく。全ての作業が終了したのは、我々が到着した時刻から三時間程あとだった。太陽光の新しいオーナーのベラダ氏は家族を代表して、うれしい点灯式を行う。設置作業を見に来ていたたくさん人々の間から拍手が起きる。

マル島へ出発

その後、サハラ沙漠をヒッチなどで横断、セネガルに着く。セネガルのダカールから南へ車で三時間行き、舟で二〇分で着くマル島には、太陽光発電施設が九五ある。これらを二〇〇〇年一一月に設置した日本エネルギー経済研究所の高岸義一氏に日本で話を聞き、やはり建設に携わった日本人NGOの中村真紀子さんを紹介してもらった。中村さんの助手のセネガル人の

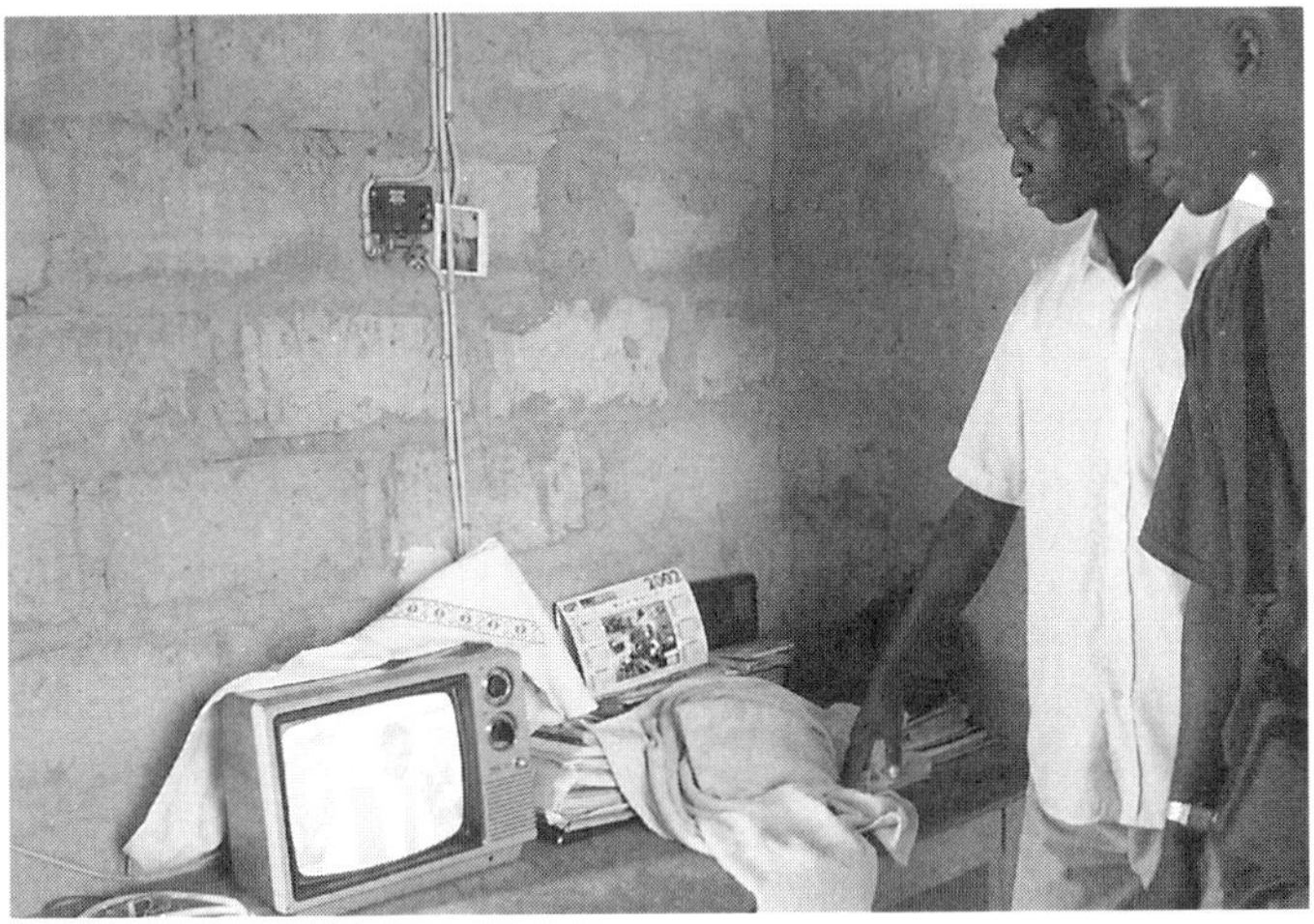
白黒テレビも太陽光で（マル島で）

アローナ君が取材に同行してくれた。彼もこの時の設置作業に携わっている。

ラマダン明けの休日を待ち、ダカールからマル島に出発したのは一二月八日だった。朝八時四〇分過ぎ、アローナ君が私のホテルに運転手のオスマン氏と迎えに来た。早速出発。車はダカール市内は快調に飛ばしたが市外へ出ると、道の状態は悪化、所々に空いた穴を避けながら進む。三時間ほどで小さな港町、ナンガンに着く。船員と乗客が二人ずつの小舟で二〇分、マル島に着く。そこからは馬が引く板の上に乗る。島の向こう側の集落へ向かう。

アローナ君からマル島の太陽光発電施設について話を聞く。使用したパネルは五五Wの米国のソーラーレックス社製。日本エネルギー経済研究所が設置したのに、なぜ日本製でなく米国製を使ったのかと言うと、「安かったからだ」という。太陽光発電施設を設置した島民は、設置時に四五万ＣＦＡ（九万円）を払い、それ以降毎月三七〇〇ＣＦＡ（七四〇円）ずつ支払う。使用する電気器具は、八Ｗの蛍光灯、〇・七Ｗの省エネ型のＬＥＤ（発光ダイオード）、白黒テレビやラジオ用のコンセントなどだ。

周辺の家々で太陽光発電設備を持っている家を見に行った。家人が出てきたら、まずパネルを指差し、続いて持ったカメラを示して、ニコッと笑う。向こうもニコッと笑えば撮影の許可だ。こうして周囲の四軒の家のパネルと証明器具、白黒テレビを撮影した。

ある家には蛍光灯が二つとＬＥＤ（発光ダイオード）が四つあり、その他にはテレビ用とラジオ用のコンセントが設置されていた。バッテリーとコントローラーもあり、発電装置のメンテナンスの仕方を絵に描いたものも貼ってあった。

この島には、太陽光発電施設のユーザーでメンテナンスを管理会社から任されているアダマ・ファイエ氏がいる。アダマ氏の家があるマルロッテに馬車で移動する。

アダマ氏に聞く島の太陽光電化事情

マルロッテのアダマ氏の家につく。早速話を聞く。マル島の太陽光による電化は三つのパターンによって構成されている、と言う。

発光ダイオードは消費電力が少ないのに明るい（マル島で）

一つ目は、一つ八Wの蛍光灯が五つ（合計四〇W）とラジオ用のソケット（三・五〜一二V）。二つ目は、蛍光灯が三つ（二四W）とテレビ用ソケット（一二V）とラジオ用ソケット。三つ目は、蛍光灯が二つ（一六W）とLED（発光ダイオード、〇・七W）が四つ（合計二・八W）とテレビ用ソケット（一二V）とラジオ用ソケット。アマダ氏の家はこのうち三番目のパターンだという。

屋根の上には太陽光パネルとテレビ用のアンテナがあり、たくさんある部屋の各々には蛍光灯かLEDがあった。またメインの部屋には白黒テレビと蛍光灯があった。LEDを点けてもらった。その明るさに驚いた。八Wの蛍光灯に比べて一〇分の一以下の消費電力なのに、蛍光灯に負けないほどの明るさだ。夜でも十分に本が読める明りを確保できる。

しかも耐用年数は蛍光灯に比べ桁違いの長さだという。今後、アフリカなどの未電化地域を太陽光で電化しようとした場合、このＬＥＤは強力な武器になるだろうと確信した。

パネルは米国のソーラーレックス社製。バッテリーはモロッコ製、蛍光灯は米国製、ＬＥＤはドイツ製を使っている。

島の太陽光電化で何か問題はないか、聞いてみた。蛍光灯などの部品が壊れた時、いちいち本土に買いに行かなければならないのが辛い、とのことだった。

マル島の電化では、本土に大規模発電所を建設し、海底ケーブルで送電する方法もあるが、太陽光発電で各戸を電化する方が、簡単で安いという結論に達したのだ。前者は大規模プロジェクトになり、諸外国の援助が必要になる。利権が生まれ、政治が絡みややこしくなる。各家の屋根にパネルを乗せ発電する——その単純さがいい。アフリカ人の生活に非常にうまく適合している、と思った。

モロッコでは互いに離れたオアシスの電化に、セネガルでは小さな島の電化に、太陽光発電の技術が生かされている。ＬＥＤと太陽光発電との組み合わせは、発展途上地域の電化に今後大きく貢献するに違いない。

パネルが屋根の上に（マル島で）

第11章　中国・内蒙古自治区再訪記——小型風車一五万余基地域を行く

太陽光も近年は充実、併用も

九一年に訪れた中国・内蒙古自治区を二〇〇四年五月に再訪した。その前年の暮れ、九一年当時お世話になった内蒙古自治区の内蒙古工業大学の朱宝泉先生と劉志璋先生が、日本に来られ、銀座で食事を共にし、「また内蒙古においで下さい」とお招きを受けたからだ。各地を九一年と同じ王さんという運転手さんが運転する三菱パジェロで走った。

モンゴル族はモンゴル共和国と中国の内蒙古自治区に住んでいる。モンゴル共和国ではパオと呼ばれる移動式の家屋に住み羊に草を食べさせながら移り住んでいる。内蒙古では北京政府が牧民に定住するよう勧めているが、牧民一戸当たりが占有する面積は広く、例えばソンニートコーチー地区は二万六七〇〇平方kmで、そこに牧民四三六〇戸が住む。一戸当たり六平方km以上の所有地だ。こんな過疎の土地に、大規模電源で発電した電力を送電線で供給しようとす

内蒙古自然エネルギー取材旅行

牧民、任さんの家。左に600W風車、右に400Wの太陽光パネル

ると、送電線の費用がかさむ。発電した場所で電力を消費する分散型電源が有利なのは明らかだ。

小型風車と太陽光利用の牧民訪問

まずは小型風車と太陽光を利用している牧民を訪問した話から。

内蒙古自治区の州都、フフホトから半日がかりで東北へ走る。モンゴル共和国への入り口、二連浩特《エレンホト》から南へ二〇〇km弱下った蘇尼特右旗《スニタヨーチ》で風力、太陽光などの分散型の自然エネルギー機器の販売会社を訪問した。この会社は、九一年に訪れた時、友達になった私と同年輩の揚毅氏が起こしたものだ。

そこを辞去した我々は二〇八国道を南下。一〇数分走り国道からはずれ草原の中へ。しばらく走ると、風車と太陽光発電施設を持つ牧民の家に着いた。

牧民の名は任さん。羊を一〇〇〇頭と牛一〇頭を持つ大牧民だ。六二歳で妻と娘との三人暮らし。まず、二〇〇二年に六〇〇W風車を購入。風力発電機、蓄電池、制御装置、水ポンプの合計三万六〇〇〇元（四七万六〇〇〇円）の約四〇%、一万四〇〇〇元（一八万五〇〇〇円）が自己負担。残り二万二〇〇〇元（二九万一〇〇〇円）が内蒙古自治区政府からの補助金だ。

次いで二〇〇三年には一枚五〇Wの太陽光パネルを八枚購入。四〇〇Wの能力だ。価格は一

太陽光パネルと任さん

Wが三五元（四六〇円）なので、四〇〇Wで一万四〇〇〇元（一八万五〇〇〇円）。これも自己負担は四〇％なので、五六〇〇元（七万四〇〇〇円）。内蒙古自治区政府からの補助が六〇％に当たる八四〇〇元（一一万一〇〇〇円）も出た。

発電風車はこの種の小型風車としてはかなり大型の六〇〇W。これが折からの良風に勢い好く回っている。太陽光もまだ午後四時前なので、この北の地ではほぼ全力で発電している。これに対し、電力を消費するものとしては、夜の明かり用の電球と電気冷蔵庫、それにテレビだ。風車と太陽光あわせて一kWの発電能力があるので、十分な供給量だ。

そろそろ引き揚げなくてはならない。「また来てください」の声に送られて退出。二〇八国道をさらに南下、朱日和《ジュリーハー》風力発電所に向かう。

発電能力拡大の朱日和風力

一三年前の九一年にもこの地は訪れている。その時は米国製の一〇〇kW風車が五基だけだった。だが現在は全体では三三二基あり、そのうち二四基が動いている。最大のものはスペイン製の三三〇kW機。それが一〇基、快調に回っている。残念だったのは九一年に回っていた米国製の一〇〇kW機が五基とも停止していたことだ。

どこのウインドファームでもそうだが、土地がやたら広い。車がなければとても全体を見て回れない。あっちの方に数基、こっちに一〇基、ずっと離れてまた数基。写真を撮るのに一苦労。全体を入れると、それぞれが小さくなりすぎ、アップで撮ると全体が入らない。

午後五時前に朱日和風力発電所を退出。一路フフホトへ向かう。ワラを満載したオート三輪や家路に帰る羊の大群を追い越したりしつつ、走りきり、フフホト近くのソバ店に入ったのは八時半を過ぎていた。この日運転手の王さんは八〇〇km以上を走ったという。お疲れさん。

内蒙古自治区の担当者に聞く

これより先、内蒙古自治区も担当職員に、風力、太陽光などの分散型の自然エネルギーの普及策について聞いた。朱先生が最近まで勤務していた内蒙古工業大学のキャンパスで、内蒙古自治区科学技術庁の高級技術発展産業化担当の龐淑琴《パンシュウチン》さんの話を聞くことになっている。大学に着き、部屋で待つとすぐに龐さんが現れた。龐さんはやや若い女性だった。

すぐに内蒙古の自然エネルギーの振興策について訊ねた。

「内蒙古自治区政府は一九八〇年から牧民に対し五〇Wと一〇〇Wの発電風車を無料で配り始めました」。龐さんは言う。

電化するコスト計算上、大型電源からの電力供給よりも、分散型電源の小型風車での電化を、内蒙古地方自治区政府が選んだということのようだ。

一九八六年からは発電風車への補助は二〇〇元に低下した。この時の発電風車の原価は、バッテリーも含めて一一〇〇元（一九九一年のレートでは一元＝二六円だから、二万八六〇〇円）だった。

同時に一九八六年からは、太陽光発電に対しても補助が行われている。当時一Wが四二元した太陽光パネル一六W（六七二元）のうち二〇〇元を補助した。

その後太陽光パネルの規模は次第に拡大、一六Wから二五W、そして四〇Wへと機能が強化された。この補助は二〇〇〇年まで続く。

太陽光パネルはどこで製造しているか尋ねた。「雲南半導体庁、上海の近くの宇波太陽能源設備、上海国飛公司での製造が大部分で、一部アメリカとオランダから輸入しています」とのことだった。内蒙古自治区内には太陽光パネルのメーカーは無いようだった。

二〇〇一年からは自然エネルギーへの助成は、風力と太陽光の併用（ハイブリッド）を奨励する方向へと変わる。発電風車だけに頼ると、風が弱い七、八、九月にエネルギーの不足が生じる。この季節に強い太陽光とのハイブリッドを奨励することでこの問題を解決しようと言う狙いだ。

牧民一戸への補助を三〇〇〇元（四万円）に強化、二〇〇一年から二〇〇三年までの総計で、五三〇〇〇戸へ補助した。

二〇〇三年末までの総計で、小型発電風車は一五万三〇〇〇基、一基平均二〇〇Wとすると三〇万六〇〇〇kWになる。

一方の太陽光は、風力とのハイブリッドが四〇〇kW、太陽光単独がやはり四〇〇kWで、合計八〇〇kWにはなっているだろうという。

北京の中央政府との関係について聞いてみた。

北京政府は内蒙古自治区政府に対し、毎年二〇〇万元の「扶貧金」と称する補助金を出している。この一部を発電風車などの自然エネルギーの普及・促進に使うことがあるという。

最後に龐さんに「いつごろからこの分散型エネルギー普及の仕事をされていますか」とたずねた。一〇年ほど前からだという。

インタビューは午後四時四〇分に終わった。龐さんは「何でもまた聞きたいことがあったら電話ででも聞いて下さい」と言って帰っていった。

雨中の輝藤錫勒発電所訪問

この時期に劉志璋先生を二人のイタリア人が訪問していた。二人は、イタリアの太陽光パネルのメーカー、エニテクノロジーの社員のロベルト氏とファビオ氏で、イタリア政府の環境局が内蒙古自治区政府に太陽電池一〇〇kWを寄贈することを決めた。設置場所を劉志璋先生と相談し、モンゴル人民共和国との国境、二連浩特に至る鉄道線の二〇〇km近く南に下がった小集落に決定、村落電話用や、太陽光ポンプ、各戸用電源など、合計一〇〇kWの事業を実施することを決めた。

ロベルト氏は、このほど劉先生の所属する内蒙古工業大学とイタリア政府環境局との間で、寄贈契約の調印式が行われることになり、中国内蒙古を訪れたのだ。実際の施設建設は少し後になりそうだという。その二人のイタリア人が、フフホト近郊で最大のウインドファームの輝藤錫勒《ホイトンシレイ》風力発電所を訪問したいと言うので、同行することにした。

八時過ぎにホテルを出発、マイクロバスで風力発電所に向かう。

輝藤錫勒風力発電所に至る途中に何カ所もの石炭の野積み場があった。内蒙古自治区内には白雲鄂博《ハイユインアボ》をはじめ多くの石炭の鉱山がある。そこで産出した石炭を野積み場に一旦置き中継基地にしているのだろう。三時間余のドライブの末の一一時過ぎに遥か草原の彼方に幾つかの風車が見えた。

一九九六年に建設を開始したこのウインドファームは、建設主体は内蒙古自治区政府の電力局。この時点で一基六〇〇kWの風車が七〇基、合計で五万kW近くにもなる。さらに近く、米国の会社がドイツで生産した一五〇〇kWの風車一〇基が、その時点でドイツから輸送中。またデンマーク製の九〇〇kW風車、一二基の建設計画も進行中だという。このウインドファームは何と広さが三〇〇平方kmもあるという。東京の山の手線の内側が九五平方kmだから、その三倍を超える広大さだ。

ウインドファームの一郭にあるセンターにマイクロバスが着くころから雨が降り出した。カメラを持った私は、目の前にある柵を越えて歩き出す。七〇基ある発電風車をたくさん写せるアングルポイントを目指しての歩行だ。雨は強まる。しかも風力発電地域だけに風は強く横殴りの雨だ。着ているものは、トレーナーの上にチョッキ、その上にウインドブレーカー代わりの上着だ。手にはデジタルカメラ。それが濡れないよう気を使う。

広大なウインドファームだ。歩いても歩いても数基以上の風車を一枚の写真に撮れるような良いアングルの地点に着かない。草原が次第に滑りやすくなってきた。

やっと、数基の風車が並んで写せる地点に来て、シャッターを押す。遥か遠くにセンターが見える。そこに朱先生が待っていてくれるのが分かる。建物の中で着ているものをタオル型ハ

輝藤錫勒ＷＦのノードタンク社製の風車

ンカチで拭く。穿いたＧパンが中までグッショリ。とても拭ききれない。

センターにいた関係者に話を聞く。

風車はどこから輸入しているか。デンマークのＮＥＧミーコンの風車が見えた。やはりデンマークのほか、英国、米国のメーカーだという。だがメーカー名は分からないという。タワーの高さは四〇～五〇ｍで、ブレード一枚の長さは一九ｍ、二二ｍ、三〇ｍだという。一基の建設費は四〇〇〇万元（五五〇〇万円）だと言う。安い。建設に要したエネルギーを発電した電力で取り戻すエネルギーペイバックタイムは三年だと言う。

このウインドファームへ来て、ほぼ一時間だった。さあ戻ろう、と言うことになった。

バスは走り出す。やがて卓資山県町《ジョーズシャンシェンディン》に着き、そこの食堂に入る。一四時前に食事は終了、フフホトの大学へ向かう。大学に着いたのは、午後五時を過ぎていた。

劉先生に聞く内蒙古自然エネルギー事情

劉先生の部屋に入り、先生の内蒙古の自然エネルギー事情の説明を聞いた。内蒙古の風力エネルギーの潜在量は一億kWあり、中国全体の四〇%を占める。地上一〇mの地点で毎秒七・一mの年間平均風速がある。一平方m当たりのエネルギー量は六二二Wになるという。

一九八九年にドイツ、デンマーク、ポーランド、スペイン、米国からの支援を受け、大型発電風車の建設が始まる。一九九五年には内蒙古自治区内にも風力発電会社ができ、現在は一三二基、五万六七八〇kWの大型の発電風車で、年間発電量は一億五〇〇〇万kW時に達している。発電コストは一kW時当たり〇・五元だという。

この日訪れた輝藤錫勒風力発電所についても聞いた。ウインドファームの広さは三〇〇平方kmもあると知ったのはこの時だ。一九九七年にデンマークの会社から六〇〇kW機を三三基購入したのが、このウインドファームの実際の建設の始まりで、二〇〇三年末には七二基、四万二七〇〇kWに達した。この中には中国、北京蔓電公司製の六〇〇kW機も一基含まれているという。今後このウインドファームはさらに充実していく。二〇〇五年には二〇万kWに、将来は一二〇万kWにまで拡大する方針だという。

小型風車についても聞いた。二〇〇三年末、中国全体では一九万基、内蒙古自治区内では一五万基の小型風車が存在する。一〇〇Wから三〇〇Wが中心だ。

大型電源により電化されていない未電化地域は、内蒙古自治区内の面積では四六%、人口で言うと四九万戸が残されている。大部分は羊などを放牧して生活している牧民だ。

そのうち一五万戸は小型風車や太陽光発電施設などの分散型エネルギーで電化生活を送っている。残り三四万戸をいかにして電化するかが、劉先生などが抱える問題なのだ。

太陽光は縦四〇cm、横一・二mほどのパネルが五五Wの発電能力を持つ。普通、これを三枚、一セットにして利用者に使わせる。電力の利用としては、明かり、冷蔵庫、洗濯機、テレビが普通。自然エネルギーに恵まれている牧民は、六〇〇Wの発電風車と六〇〇Wの太陽光パネルを利用し、地下水をポンプアップ、植物に給水したり、春の風でご飯を炊いたりしているという。

現在の制度の問題点を聞いた。発電事業者にかかる税金が、風力は火力よりも高いことが一つの問題だという。税金は発電した会社が払わなければならない。風力発電は、風車の建設費が一kW当たり七〇〇〇元（九万二四〇〇円）から一万一〇〇〇元（一四万五二〇〇円）と高いためもあり、電力会社は、電力を火力発電からは一kW時当たり〇・二元で購入しているのに対し、風力からは同〇・五元で購入している。風力発電の比率は、現在中国では全電力の〇・四%。これを二〇〇五年から二〇一〇年の間に高めて行きたいという。現在頼っている石炭が少なくなるし、輸入が主力の石油に多くを委ねるのも危険だという判断だ。

電力料金は、内蒙古では一kW時当たり〇・三元。これに対し北京では〇・五元だという。現在五万七〇〇〇kWの内蒙古自治区内の風力発電の二〇一〇年での目標値は、二〇〇三年に高められた。それまで一〇〇万kWだったものが四〇〇万kWへと修正された。これも地球温暖化の原因になる二酸化炭素を増やさないようクリーンエネルギーの風力発電や太陽光発電を拡大したいとの狙いからだ。

劉先生の説明は終わった。

その後、ジンギスハン陵を一緒に見学したイタリア人、ロベルト氏に東勝のホテルで話を聞く機会があった。太陽光パネルメーカー、エニテクノロジーの技術者のロベルト氏は、私より少し若い。

エニテクノロジー社製のパネルを使い、内蒙古工業大学の劉先生が決めた朱日和の少し北の集落に、村落電話一三kW、地下水汲み上げポンプ八kWを三カ所、各戸用太陽光電化設備三五〇W～五〇〇W一五〇戸分など総計一〇〇kWの太陽光パネルを建設する。

掛かる費用は計画立案に一五〇ユーロ（二万円）、実際の建設に二〇〇万ユーロ（二億七〇〇〇万円）だという。これらの設計、デザインから建設まで二年間かかったそうだ。いよいよこの九月に設置工事に取り掛かるという。九月にまたここへ来ませんか、と言われ、私はイエスと答えていた。

内蒙古自治区の電化地域と未電化地域の地図
（黒い部分が未電化地域。自然能源研究所で）

自然能源研究所を訪問

翌日は朱宝泉先生がかつて在職し、また劉志璋先生が現在在職している内蒙古工業大学の自然エネルギーの研究機関、「内蒙古自然能源研究所」を訪問する日だった。劉先生はこの研究所の所長を務めており、イタリアの太陽光パネル製造会社と内蒙古工業大学との調印式で参列者に配られた記念品の大学紹介のパンフレットの写真にも、特徴のある研究所の前を歩く両先生が写っていた。

研究所はフフホト市の郊外にあり、王氏運転の車ですぐ着いた。球形の特徴ある建築物を中心に幾つかの建物が集まっている。

まず入った部屋にはたくさんの太陽光パネルが置いてあった。その反対側には小型風車が数基ある。三〇〇W、一kW、一・二kW、三kWだった。別の部屋には巨大な風洞実験設備（強い風を起こす装置）が見えた。二〇〇三年建設したという設備は直径二m、長さが二五m、送風口は直径三m以上あり、そこでの風速は毎秒六〇m、二五m先の出口ではこれが二〇～一五mに減速するという。もちろん発電風車を回すためのものだ。次の無音室は周囲の壁面をフェルトで包んだ突起物で覆った部屋。「ここはどういうことに使うのですか」と聞く自分の声が小さく聞こえる。突起物によって音が吸収されているのだ。エンジンの排気音など騒音と振動を調査するためだという。

メインの建物の一階には、さまざまなパネルを使って内蒙古の自然エネルギーの紹介がしてあった。まず、内蒙古自治区内の通電区域と電力供給が未達成の未通電区域とを示すパネル。自治区の西方や北方を中心に全面積の四六％が電力供給がされない未通電区域、電化地域は都市部など五四％に過ぎない。次のパネルは、風力発電の発電コストに関するものだ。風速が毎秒五・八mから六・七mのケースで、一九八〇年には一kW時当たり二二セント（二四円）～三八セント（四二円）だったのが、一九九〇年には五セント（五・五円）～一〇セント（一一円）に低下、さらに二〇一〇年には一・八セント（二円）～三・二セント（三・五円）に低下することが期待されている。

中国全土の中で、風速三m以上の時間が年間何時間あるかを七段階に区分した地図もあった。年間時間の八七六〇時間の六八％に当たる六〇〇〇時間以上風速三mを超える地域から一一％

強にしか過ぎない一〇〇〇時間未満までの七段階だ。内蒙古自治区は風が強く、六〇〇〇時間以上の地域など上位にランクされる地域が多かった。

中国の中で、太陽の日照時間が年間三二〇〇時間以上から一四〇〇時間未満まで六段階に分けた地図もあった。内蒙古自治区は最高の三二〇〇時間以上の地域はもちろんある他、そのすぐ下の三〇〇〇時間以上の地域も広く分布し、他の自治区に比べ太陽エネルギーに恵まれていることが分かる。

次のパネルは、太陽光パネルの効率を表す光電変換効率と製造コストを示したもの。光のエネルギーの何％を電力に変えるかを表す光電変換効率は、一九七八年の八・五％から一九九六年には一五％近くにまで向上している。これに対し製造コストは一九八一年の一W当たり二〇元から一九八八年には七元に、さらに一九九六年には四元にまで低下している。

壁に貼られたパネルから振り返ると、「天然　自然　超然」と書かれた自然エネルギーの模型があった。小さな太陽光パネルや小型風車の模型の側に小さな牛や羊が立っている。自然エネルギーを有効活用する精神的にも物質的にも豊かな生活をイメージしたもののようだ。

二階に上がる。ベランダがガラスに覆われた温室になっている。そこから外に出ると、太陽光パネルが南向きにセットされている。一枚が七五Wで、それが二八枚あり、発電能力は二・一kWだという。発電した電力は一旦バッテリーに蓄えられ、もちろん研究所の電力消費に貢献している。バッテリーの近くにあった計器によると、この時二二五Vが表示されていた。

建物の外に出て、改めて見ると、庭には何本かの発電風車が立っている。見たところ、数百Wから一kW程のものだと思う。

風車製造工場を再訪

さて次は発電風車の製造工場だ。前回の九一年にも訪れた「内蒙古動力機廠」だ。今は「内蒙古天力風機」と名前が変わっている。内蒙古天力風機には一三時五〇分に着いた。が、昼休み中で入れない。朱先生によると、中国では一二時から午後二時半までが昼休みだという。従業員は自宅に帰って昼食と昼寝をして職場に戻るという。車で市内をウロウロして時間をつぶし、再び工場の前に戻ったのはちょうど一四時半。今度は快く入場できた。建屋に入ると、まず目に付いたのが一〇kW風車の回転翼。中心部は木材でその周りを石油製品でコーティングした複合材だという。案内係は馮瑞雲《フォンルーユイン》氏。この工場では、一〇〇W、一五〇W、二〇〇W、三〇〇W、六〇〇W、一〇〇〇W（一kW）、五kW、一〇kWの八種類の発電風車を製造している。このうち一〇〇Wと五kWは二枚羽根、他は全て三枚羽根だ。

内蒙古自治区内には風車製造工場としては、他には商都にある内蒙古商都風機があるだけ。他の自治区にも風車製造工場はあるが、今でも内蒙古自治区内の発電風車の売り上げの半分以上をこの内蒙古天力風機が占めているという。

内蒙古自治区政府から小型風車を購入する牧民に一基当たり三〇〇〇元の補助が出ることが牧民の風車購入を後押ししているという。売り上げは一〇年前と同じ年間二〇〇〇基だが、一〇年前は一基一〇〇Wがほとんどだった。しかし、現在は三〇〇Wから一〇〇〇W（一kW）が中心となり、儲けが拡大しているという。一〇年前は計画経済だったが、今は市場経済だという。販売はどの季節が多いか聞いてみた。正月にテレビを見るため、年末に売れるという。それと牧民は五、六月に羊の毛を売るので、その後よく売れる。

風車の値段も聞いた。一〇〇Wは一二〇〇元（一万六〇〇〇円）、三〇〇Wは二八〇〇元（三万七〇〇〇円）、五kWは六万元（八〇万円）、一〇kWは一二万元（一六〇万円）だという。建屋の外に直径七m、五kWの風車が回っていた。これは国境に駐留している軍人向けか、集落用によく出るという。

午後四時前に工場を出る。ホテルに戻る。この日は二人の先生と運転手の王さんに私がお礼の接待をする日だ。場所などは朱先生に選定をお願いした。午後六時過ぎに店に着く。湖北風味の黄鶴楼という店だ。ここではワインとビールを飲みながら、食事をしつつ、朱先生の通訳で、劉先生に欧州を中心とした世界の風力開発の話をした。特にドイツは風力発電の急拡大で脱原発を前倒しで実現できそうだ、と強調。大型の風車を海上に建設が進んでいることなどを説明した。ドイツでは二〇〇四年中に北海に一基五〇〇〇kWの風車が一〇〇基建設されると言ったら、劉先生は驚いた顔をされていた。

翻って日本では、天下の悪法、ＲＰＳ法の弊害が強く、風力発電の普及が妨げられていること。何としてもこの悪法を改定しなければならないと強く言った。劉先生からは、日本のＲＰＳ法の説明文を送ってほしいこと、世界各国の風力発電事情に付いて書かれた文を送って欲しいと言われ、日本から送ることを約束した。

まとめ――主役に育つエコ・エネルギー

世界の過疎地でも活躍

アフリカのモロッコのオアシス、中国・内蒙古自治区の牧民が、分散型エネルギーの小型風車や太陽光にそのエネルギー源を頼る姿はすでに見た。

アフリカのウガンダ、ケニア、タンザニアにまたがる地域に存在する湖、ビクトリア湖。そこに浮かぶウガンダに属するセセ諸島にも太陽光発電施設があった。

セセ諸島は遠かった。日本からオランダ・アムステルダム経由でケニア・ナイロビへ行き、そこからバスでナクル湖経由でウガンダの首都、カンパラに行く。ここまでが三日がかり。そこから乗用車をチャーターしてビクトリア湖畔のブカカタへ。フェリーに乗り四五分でセセ諸島の港町、ブゴマへ。そこから乗用車で島の反対側のカランガラのホテルへ、やっと到着。カンパラを出て五時間余が経っていた。

泊まったセセ・アイランド・ビーチホテルに、太陽光発電設備があった。このホテルは一九九六年に開業。九九年六月にこの島で初めての太陽光発電設備を設置した。ソーラーによる電力は全て夜、ライトを点灯させるのに使っている。ライトは少し離れた所にあるコテージに、三Wのものが九つ、食堂棟には二Wのものが一四、それと海岸に建つ数棟の宿泊用の小屋にも三〇のライトが設置されている。

翌朝は、まず私が前夜寝たコテージのパネルを観察した。一〇cm角ほどのセルが、横に一二枚、縦三列に並んでおり、これで一つのパネルを構成している。このパネルが縦に四つ、横に二つ並び、パネル全体の大きさは、縦が一・二m、横が二・四mだ。色は青みがかった赤とでも言おうか、アモルファス（非結晶型）だと思う。

次に食堂棟の方だ。近くにあったハシゴを使い、屋根に上る。こちらはパネルが二つあった。小さい方は、縦六cm、横三〇cmで、それが縦に一一枚、横に二列に並ぶ。だからパネル全体の大きさは、縦が六六cm、横は六〇cm。色はコテージのものと同じで、これもアモルファスだろう。

もう一つの大きい方は、セルは一〇cm角で、それが縦に九つ、横に四つ並んでパネルを構成している。だからパネルの大きさは、縦九〇cm、横四〇cm。それが横に三つ並べてあるので、全パネルは縦九〇cm、横一二〇cm。色は真っ青。単結晶型だと思う。

屋根から下りて、手を洗う。

朝食を終えて、ホテルのビクトリア湖の湖岸に建つコテージに車で行く。そこにも太陽光施

ウガンダ紀行

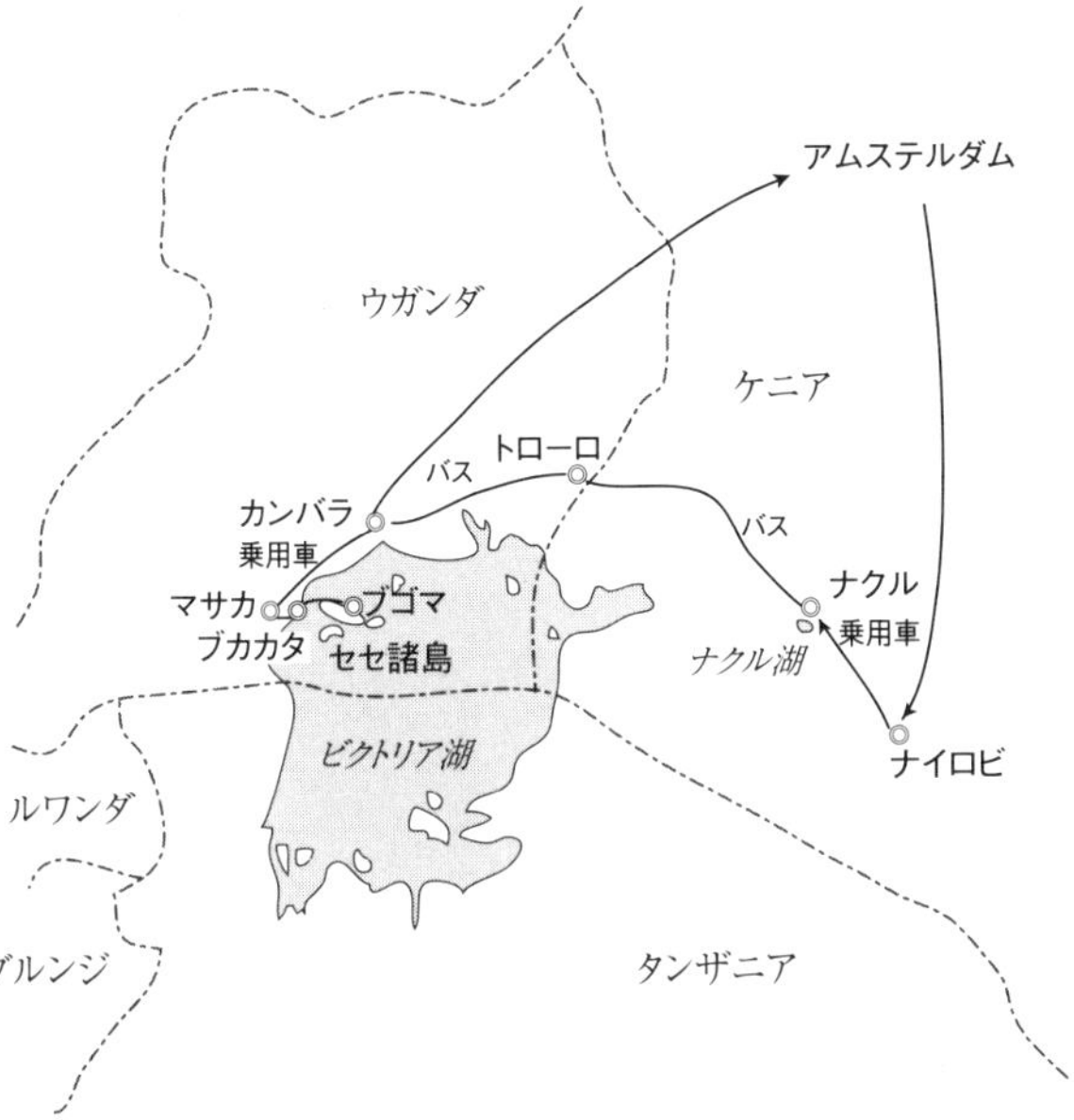

設があると聞いたからだ。車には、私と運転手のほか、ホテルの会計係のバコシサ・パートリック氏が説明役として同乗した。

湖岸に近いフードセンターには、屋根の上に一〇〇cm×五〇cmほどのパネルが乗っていた。パートリック氏によると、このフードセンターの太陽光施設は、他の食堂棟などのソーラーが設置された九九年六月からちょうど一年後の二〇〇〇年六月に取り付けられたという。パネルは多結晶型だと思う。次にあった独立棟にもパネルとライトが二つあった。青いパネルは五〇cm×一〇〇cmほどで、ライトはインドネシア製だという。

湖岸に向けて歩くと、水際から一〇mほどの所にポールが立ち、その上に三枚のパネルが乗っていた。一枚が一〇〇㎝×六〇㎝程だから、三枚だと一〇〇㎝×一八〇㎝になる。このソーラーパネルはメキシコ製。そのパネルからは電線が延びて湖岸に建つ三棟のコテージにつながっていた。コテージに入る。各棟は二つの部屋で構成されており、部屋ごとに二つ、合計四つのライトがあり、各棟ごとに一二ボルトのバッテリーが置いてあった。パートリック氏によるとバッテリーは日本製だという。

コテージを出てビクトリア湖岸に立つ。パートリック氏が言う。「うちがソーラーを導入してから、近くのリゾートホテルが次々に真似を始めた。あそこに見えるセセバンビーチ・リゾートやこっちのアイランズクラブや森の中のフォーレスファンビルも建設しました」。

パートリック氏にソーラーの発電能力を聞いた。「ソーラー全体の発電能力は二五〇W」だという。およそパネル一枚が五〇㎝×一〇〇㎝だから〇・五平方m。それが全部で八枚だから、四平方mになる。四平方mで二五〇Wだ。一方日本では、三kWで四〇平方mだから、四平方mで三〇〇W。ほぼつりあう話だ。

一方、建設コストの説明も聞く。

パネルは標準的なものが一枚七〇万シリング（四万九〇〇〇円）。それが八枚で五六〇万シリング（三九万二〇〇〇円）。日本製のバッテリーは一つ七万シリング（四九〇〇円）で、八つで五六万シリング（三万九二〇〇円）。インドネシア製のライトは、一つ五万シリング（三五〇〇円）で、これが五三あって全部で二六五万シリング（一八万五五〇〇円）。総計では八八一万シリング（六一万六七〇〇円）になる。

セセアイランド・ビーチホテルのマネージャーで、太陽光施設の導入を決めたというセンコ氏には、島では会えなかった。カンパラに戻った翌日、彼の携帯電話にかけて、経緯を尋ねた。「太陽光を導入する前は、発電機を使っていたが、オイル代がかさんだ。今も発電機は使っているがオイルの消費量は少なくなった」との説明だった。

砂漠のオアシスや内蒙古の草原のような過疎の地と並んで、アフリカ・セネガルのマル島やウガンダのセセ諸島でも太陽光発電施設が導入されていた。島では電力需要が大きくない。そこでは大規模な電源を建設し、送配電するやり方は不経済だ。電力を消費する場所で発電する分散型電源が適していると言えるだろう。

風力と太陽光は、先進地域でエネルギーの主役に育ちつつあるだけでなく、過疎の地域でも、その分散型の特性を生かして活躍の場を広げている。

世界電力の一二%を風力で賄うプランも

世界のエコ・エネルギーの増加ぶりは顕著だ。

例えば代表的なドイツでは、風力発電の能力が、二〇〇三年末の陸上を中心とした一四六〇万九〇〇〇kWから、二〇〇四年以降は海上にその場を移し、数年後には総発電能力が八〇〇〇万kW近くになろうとしている。政策次第では脱原発も可能な状況だ。

ドイツは二〇〇二年に、原発で発電量の三〇％を賄っている。ちなみに発電の主力は石炭で、褐炭を含めると電源の五〇％を産出している。風力発電で原発を代替できるとするならば、電源の三割を担当することになる。石炭による発電も大気汚染と温暖化をもたらし、望ましい発電手段とは言いがたい。さらに風力発電が拡大して石炭火力の代替も期待したい。

世界でよく知られた環境保護団体のグリーンピースは、「二〇二〇年までに世界電力の一二％を風力発電でまかなうための青写真」を発表した。これが夢物語ではなく、実現可能な事実として、認識されつつある。

このレポートは、まずドイツに目を向け、二〇〇二年末には一二〇〇万kWを突破し、電力需要の四・七％に達した風力発電は、二〇一〇年には八％に上昇すると予想。スペインが一五〇万kWでこれを追っている。デンマークでは一八％を風力で賄い、比率では世界最高だ。米国では電力会社が、風力を安定的な電源として認識しつつあり、二〇〇二年末に四六七万四〇〇〇kWに達した。このほか南アメリカのブラジル、オーストラリア、アフリカのモロッコなどでの風力開発について高い評価を与えている。

次の章では、ドイツの成功例について、法的な裏づけを示す。まず一九九一年に電力料金の九〇％で風力発電からの買い取りを開始、二〇〇〇年の「再生可能エネルギー法」（ドイツの法律Gesetzent-wuef Erneuebare-Energien-Gesentz＝EEGを他章では「循環エネルギー促進法」と訳したがグリーンピースは、「再生可能エネルギー法」と訳している）でさらに建設を加速させた、とある。

続いて米国、インド、デンマークの事例に言及する。米国では過去五年間の風力設備容量の伸びは、平均年率二四・五％に達しており、二〇一〇年まで二桁成長を予想する声が強い。風力エネルギー資源は、ノースダゴダ州だけでドイツ全土の五〇倍はあるとの試算も関係者の期待を強めている。

インドでは、二〇〇一年に運転開始から一〇年間は売電収入に対する法人所得税を全額還付する、という施策に事業者の期待が高まっている。

風力発電機製造業の成功例として注目されるデンマークは、今では年間三〇億ユーロ（三九九〇億円）近い売り上げを上げている。製品の多くは輸出され、年間の設備製造は、一九九四年の三八万八〇〇〇kWから二〇〇二年には三一〇万kWへと増加している。

二〇〇二年の風力発電機の建設ラッシュで世界第二位に躍り出たスペインは、政府が初めて再生可能エネルギーに支援策を打ち出したのは一九九四年。この結果、電力会社は風力発電から政府が決めた「プレミアム価格」で電力を買い取ることが義務付けられた。一九九八年の新法では二〇一〇年に再生可能エネルギーで全エネルギー消費の一二％を賄うことを予想している。

海上に風車を建設する洋上ウインドファーム（風車地帯）についても触れている。風が強く風向きが安定している海上には、欧州北部だけでも、合計二〇〇〇万kW以上の海上風車が、一〇カ国を超える国々で建設されるだろうと言う。

ドイツでは、二〇〇六年までに完成した海上風車からは、「再生可能エネルギー法」により、高い買い取り価格の一kW時当たり九・一ユーロセントで、陸上の五年間より長い九年間、買い上げることが決められている。

欧州諸国で海上風力の建設を考えている国は、オランダ、ベルギー、アイルランド、スウェーデン、英国だ。スウェーデンはバルト海入り口に同国最大の八万六〇〇〇kWの発電設備建設計画を承認した。ベルギーは一〇万kWの設備を検討中。アイルランドは一事業で五二万kWという巨大プロジェクトを承認済み。英国は一八の共同事業体に実地調査を許可したが、これが実現すれば、一五〇万kWもの海上風力発電が出現する。

これらは二酸化炭素の削減にも大きな効果を発揮する。年間削減量は二〇〇二年の三八七〇トンから二〇二〇年には一八億一三〇〇万トンへと増加する。二〇二〇年までの累積削減量は一〇九億二一〇〇万トンに達する。

グリーンピースがこの報告書を発表した後、グリーンピースと共に報告書を作成した欧州風力エネルギー協会のチーフ・エグゼクティブのコリン・ミレー氏が、二〇〇三年秋に来日した。新聞記者の質問に答えて、「二〇二〇年に日本は四五〇〇万kWを超える風力発電設備を持つことになるだろう」と言った。日本にとっても期待が持てる話だ。

世界の流れに背を向ける日本

このような世界の動きに背を向けているのが日本である。二〇一〇年の風力発電など新エネルギーの目標値を、欧米先進国の一〇分の一以下の一・三五％に定め、しかもその新エネルギーの中にゴミ発電を含める、などという愚挙をして恥じるところがない。そもそも風力発電設備の建設に対して、入札制度を導入している国は、日本だけである。他の欧米先進国は、風力発電の建設事業者が、風力発電設備の建設を希望した場合、喜んでそれを迎え入れている。業者同士に価格面で競争させ、より低い価格を提示した事業者だけに、建設を認める、などという国は我が日本だけである。そこには、「風車などのエコ・エネルギーはなるべく増えて欲しくない」という政府や電力会社の思惑が感じられる。それは、風は止むことがあるので安定した電力供給源としては認めることは難しい」とする北海道電力など政府・電力会社の認識によると思われる。

だが、思い出して欲しい。二〇〇三年夏の東京電力の電力危機を。

あの時は、東京電力の原子力発電に関するデータ隠しが明るみに出て、原発を全停止しなければならなかった。冷夏に救われて電力危機は回避できたが、あの夏の恐怖は忘れることは出来ない。電力危機を招くのは、不安定とされる風力発電ではなくて、安定的と政府・電力会社が喧伝する原子力発電だということを強調しておきたい。風は一見不安定に見える。だが、日本全体で無風になることは全く無い。日本のどこかでは風は吹いているものなのだ。そうでないとしたら、ドイツやデンマークや米国で、発電風車がこのように拡大していく事の説明がつかない。

日本の政策決定者は、将来の（例えば石油もウラニウムも枯渇し、地球温暖化が厳しい二〇五〇年に）エネルギー源として、風力、太陽光を中心としたエコ・エネルギーを考えるようにして欲しい。日本の周辺海域には本土の一二倍、四四七万平方㎞もの経済水域が広がっている。ドイツが隣接する他国に奪われて僅か四万平方㎞程度に過ぎないのと好対照を示している。

さて、将来の主な発電風車の建設地が海上であることを考えると、日本は極めて恵まれた条件にあると言える。もちろん送電線の負担もあり、経済水域全域に浮体型発電風車を建設するわけには行かないが、建設可能な地域が広いということは認識したい。わが日本は、将来のエネルギーの主力に発電風車を据えることが可能な国なのだ。

あとがき

やっと出版社が決まった。それも以前、市民エネルギー研究所のメンバーだった高須次郎氏が代表をつとめる緑風出版なので心底ホッとしている。有り難いことだ。

エコ・エネルギーを巡る情勢は近年激変している。世界の風力発電では、ドイツ、スペインを中心にした欧州とアメリカ合州国が牽引する形で急激に拡大、欧州風力エネルギー協会とグリーンピースが掲げた「二〇二〇年に世界の電力の一二％を風力発電で」という目標が現実のものになりつつある。他の太陽光発電などのエコ・エネルギーも同様だ。

これに対し日本はお寒い限りだ。二〇一〇年の目標値が、ゴミ発電を含めて電力供給量の一・三五％だというのだから……。欧米のエコ・エネルギー先進国より一桁低い目標値だ。

これはエコ・エネルギーを不安定なものだとして敬遠する日本の電力会社と、その意を汲んで動く官僚がつくったものだ。世界がどっちの方向に向いているかを全く斟酌しない行動だ。その象徴が「天下の悪法」とこの本の中で断じたRPS法だ。このような人々に日本のエネルギー政策を任せていると思うと情けなくなる。

だが電力会社と国家官僚の愚行の下でも僅かながら希望の光は見える。民間事業者が風力発電、太陽光発電などに取り組む姿勢は評価できる。官僚たちによる様々な妨害行為下でも、彼らの意欲あふれる行動は、確実に日本のエコ・エネルギーを拡大させている。もし日本でもドイツ並みかスペイン並みの政府によるエコ・エネルギー拡大策があれば、と思ってしまう。政治家の中にも、従来の原発一辺倒ではない人も出てきた。ゆっくりとだが、確実に日本も望ましい方向に進みつつあると思いたい。

本書の書名『主役に育つエコ・エネルギー』が日本を含む全世界で言えることになることを祈りつつ……。

〈著者略歴〉

井田　均（いだ　ひとし）
1947年東京に生まれる。1971年慶応義塾大学経済学部卒業、日本経済新聞社入社。77年市民エネルギー研究所にも入所。主にエコ・エネルギーを取材・研究。
主な著書に『手づくり自然（ソフト）エネルギー』（亜紀書房・共著）、『風が沸かしたお風呂の湯』（公人社）、『カリフォルニアに発電風車が多い理由（わけ）』（公人社）、『続・手づくり自然（ソフト）エネルギー』（亜紀書房・共著）、『こうして増やせ！自然（ソフト）エネルギー』（公人社）がある。

主役《しゅやく》に育《そだ》つエコ・エネルギー

2005年2月15日　初版第1刷発行　　定価1800円＋税

著　者　井田　均
発行者　高須次郎
発行所　緑風出版
〒113-0033　東京都文京区本郷2-17-5　ツイン壱岐坂
［電話］03-3812-9420　［FAX］03-3812-7262
［E-mail］info@ryokufu.com
［郵便振替］00100-9-30776
［URL］http://www.ryokufu.com/

装　幀　堀内朝彦
写　植　R 企 画
印　刷　長野印刷商工　巣鴨美術印刷
製　本　トキワ製本所
用　紙　大宝紙業　　E1500

ISBN4-8461-0502-4　C0036

バイオパイラシー
グローバル化による生命と文化の略奪
バンダナ・シバ著　松本丈二訳
四六判上製　二六四頁　2400円
グローバル化は、世界貿易機関を媒介に「特許獲得」と「遺伝子工学」という新しい武器を使って、発展途上国の生活を破壊し、生態系までも脅かしている。世界的な環境科学者・物理学者の著者による反グローバル化の思想。

ウォーター・ウォーズ
水の私有化、汚染そして利益をめぐって
ヴァンダナ・シヴァ著　神尾賢二訳
四六判上製　二四八頁　2200円
水の私有化や水道の民営化に象徴される水戦争は、人々から水という共有財産を奪い、農業の破壊や貧困の拡大を招き、地域・民族紛争と戦争を誘発し、地球環境を破壊するものだ。水戦争を分析、水問題の解決の方向を提起する。

暴走を続ける公共事業
横田　一著
四六判並製　二三二頁　1700円
諫早干拓、泡瀬干潟埋立、九州新幹線、愛知万博、ケニアODA……暴走を続ける公共事業。かけ声だけの小泉改革ではムダで無意味な公共事業は止まらない。公共事業の利権構造から決別しようとしている田中長野県政もルポ！

環境を破壊する公共事業
『週刊金曜日』編集部編
四六版並製　二八八頁　2200円
その利権誘導の構造、無用・無益の大規模開発を無検証に押し進めることで大きな問題となっている公共事業。本書は全国各地の現場から公共事業を取材、おもに環境破壊の視点から問題点をさぐり、その見直しを訴える。

政治が歪める公共事業
――小沢一郎ゼネコン政治の構造
久慈　力・横田　一共著
四六判並製　二一六頁　1900円
政・官・業の癒着によって際限なくつくられる無用の〝公共事業〟が、列島の貴重な自然を破壊し、国民の血税をゼネコンに流し込んでいる！　本書はその黒幕としての〝改革者〟小沢一郎の行状をあますところなく明らかにする。